マンガde

電磁気学

高橋達央［著］ Takahashi Tatsuo

電気書院

前書き

磁石をまったく知らないという人は、まずいないでしょう。小学校の理科の授業でも磁石を扱っており、掲示板や自転車の発電機などにも使われています。

ところが、それほど身近な磁石なのに、磁石がどうして鉄などの金属をくっつけたり、またN極とS極がどうしてあるのかなど、理論的に説明できる人は少ないと思います。

このような、磁気と電気に関わる様々な現象を扱った学問が電磁気学です。

単純に、「電気」と「磁気」という言葉をくっつけて「電磁気」というわけです。言葉はたしかに分かりやすいですが、扱う内容は奥が深く、入り込めばどんどん深みに入っていく、それほど興味深く面白い学問です。

たとえば、大昔の人々にとって、雷や稲妻などの現象は神秘的であり、神の領域だったわけです。やがて、そうした雷や稲妻に興味を持つ人間が現れ、研究するようになります。そして、研究してわかったことを理論づけて説明することで、科学は進歩してきました。

こうして、雷や稲妻の現象は、神の領域から人間の手に委ねられたわけです。

つまり、電磁気学というのは、科学の出発点なのです。少なくとも、「電気」をこよなく愛する私にとって、電磁気学は原点であり王道だと思っています。

電気を勉強される方にとって、電気回路と電磁気学は、「電気の基礎」だと思ってください。この2本を柱としながら、たとえば照明であるとか材料などを勉強されると、より理解度が増すと思います。

とはいっても、学問ですから、基礎とはいえ、すぐに理解できようはずがありません。理解できなければ先へは進めません。たとえ先へ進んでも，足元をぐらつかせながら進むようなものです。ものすごく不安です。

そこで、楽しみながら、わずか2～3時間ほどで電磁気学の基礎を覚えてもらえるように、本書を書きました。

前書き

マンガ仕立てなので、読み進むうちに、いつの間にか電磁気学の基礎が身についているというわけです。電磁気学の基本の基本が網羅されています。

本書「マンガ de 電磁気学」と「マンガ de 電気回路」を併読することで、電気の基礎は、ほぼ身につくはずです。

私は、工業高校で電気科、大学で電気工学科に在籍していました。計7年間、電気を学んだわけです。当時、電気をマンガで学ぶ本など、一冊もありませんでした。ですから、勉強といえば、机にかじりついて、教科書や参考書等を一生懸命読むことでした。楽しくない。ですから、すぐに飽きてしまいました。

あのころ、マンガで覚えられるこのような本があったら、もしかすると私の人生も変わっていたかもしれません。漫画家ではなくノーベル賞をもらう科学者になっていたかも…。まぁ、それは万に一つもありませんね。

学生時代から、電気をマンガで描きたいというのが夢でした。すべての人には、運命とか宿命といったものがついて回っているような気がします。人それぞれが、なにがしかの定めを背負いながら生まれ、生きているように思います。もしかすると、私の場合は、学生時代に電気を猛勉強（?）し、そうした経験をマンガにすることで多くの人たちに電気を理解してもらう、それが宿命なのかもしれません。

今まで、政治・経済・金融・建築・歴史・健康・スポーツなど、様々な分野をマンガで扱ってきました。そして、単行本だけでも百数十冊は出版しています。夢中で突き進んだ約30年間に、雑誌やイラスト、ポスターなどを入れると、数え切れないほどの分量の絵を描いてきました。活字の本も10冊くらい出版しています。

それなのに、最も愛する電気は、ほとんど描いた経験がありません。不思議なことです。なぜ描いたことがなかったのか、わかりません…。

おそらく、電気を描くことが私の宿命だからでしょう。ですから、中途半端な力量で電気を描いてはいけない、そういうことなのかもしれません。

様々な分野をマンガや活字で扱い、画力や構成などの技術を磨き、そうした経験の集大成として、やっと今、電気を描いています。

この本を通じて皆さんと出会えたことも、また宿命であり、私の喜びです。より多くの方が、電磁気学という科学の出発点に興味を持ち、電気を学んでくれることを願っております。

２００９年３月吉日

高橋　達央

目次

第五章　電磁誘導

第六章　静電界の基本的な性質

電気用図記号

★登場人物

新堂　源太郎
東東京大学電気工学科教授。新堂大地の父親。趣味はジョギング。

関　昌彦
西大泉工業高校電気科二年生。漫画研究会。

五十嵐　健太
西大泉工業高校建築科二年生。漫画研究会。瀬戸三咲の大ファン。

佐々木　茂人
西大泉工業高校電気科二年生。漫画研究会。

瀬戸　美咲
西大泉工業高校電気科一年生。小学生の頃、父と電磁石をつくって感動した経験から、将来は電磁気を学ぼうと思って工業高校電気科に入学。漫画研究会で合気道三段の腕前。

新堂　大地
西大泉工業高校電気科二年生。電気がとくに好きというわけではないが、父の影響から高校で電気を学んでいる。将来は漫画家になりたい。

第一章　電磁気とは

西大泉工業高等学校
(1)磁気について
ジリリリリリリ…
今日の授業はここまで…

瀬戸美咲
西大泉工業高校電気科一年生ー

練馬区地区区民館
「父親と電磁石を作ろう」
すごいぞ　美咲　上手に　電磁石が　できたじゃないか
三年生にしては上出来でしょー
すごい　すごい
お父さん　見て見てー
回ってるー
わたし　大きくなったら　磁石のお勉強する
そして　お父さんに　こ～んな　大きな扇風機　作って　あげるね
うるうる
じゃあ　お父さん　楽しみに　してるね…

3
(1) 磁気について

あの時の感動が忘れられなくて つい 工業高校の電気科に入学しちゃったけど
はあぁ〜
電磁気 ぜんぜん わかんない よ〜
美咲ちゃん 悩みがあるんだったら このぼくに打ち明けて ごらん
いつでも 相談に乗って あげるよ…

美咲が合気道三段だってこと忘れたのかよぉ～
あいつ小学校三年のときから父親の勧めで合気道習ってんだぜ
あた～
…新堂 お前の親父 東東京大学の教授なんだってなー
漫画研究会
すげー じゃんか…

5

（1）磁気について

で 親父 何教えてん だよ？
電気工学
新堂大地
西大泉工業高校電気科二年生
父親が東東京大学電気工学科の教授
じゃあ お前 授業で 分かんないことが あっても 親父に 聞けんじゃん
だって ここのセンコーよりか 頭いいわけだし
五十嵐健太
機械科二年生
ふ〜ん
べつに おれ そんなに 電気好きじゃ ねーし

そうか
お前 電気よりか 漫画家に なりたいん だったよな
親父が大学で 電気教えてっから つい電気科に 入っただけだし…
美咲ちゃん かわいい～
新堂先輩の お父さんて 大学で 電気工学 教えてるん ですか？
ああ…
あれ 新堂 お前 いつから 美咲ちゃんと 仲良く なったの？
テメ～ おれら親友に かくしてたろ～

7

（1）磁気について

ど　どう
なってってんだ?
なんで
新堂なんかと
美咲ちゃんが…?
し
しんね～
よ～
新堂先輩
お願いが
あります!
先輩のお父さんに
電磁気を教えて
もらえませんか?
え～っ
え!
電磁気…?
ぜひ!
いいと
思うけど…
ありがとう
ございます!

いいなぁ おれも頭良かったら 美咲ちゃんに 個人教授 できんのになぁ
だけど 新堂は それほど 頭 良く ねーぞ
たまたま あいつの親父が 東東京大学の 教授だってこと だかんな
だよな
できのいい 親もつと 子供は 得だよな~
そう そう
ははは
ば~か!
彼女を親父に 紹介するだけで おれ自身は 勉強なんか しねーよ
ポカ
ポカ
……
なんだ あいつ 急によ~
あた~~~

9
(1) 磁気について

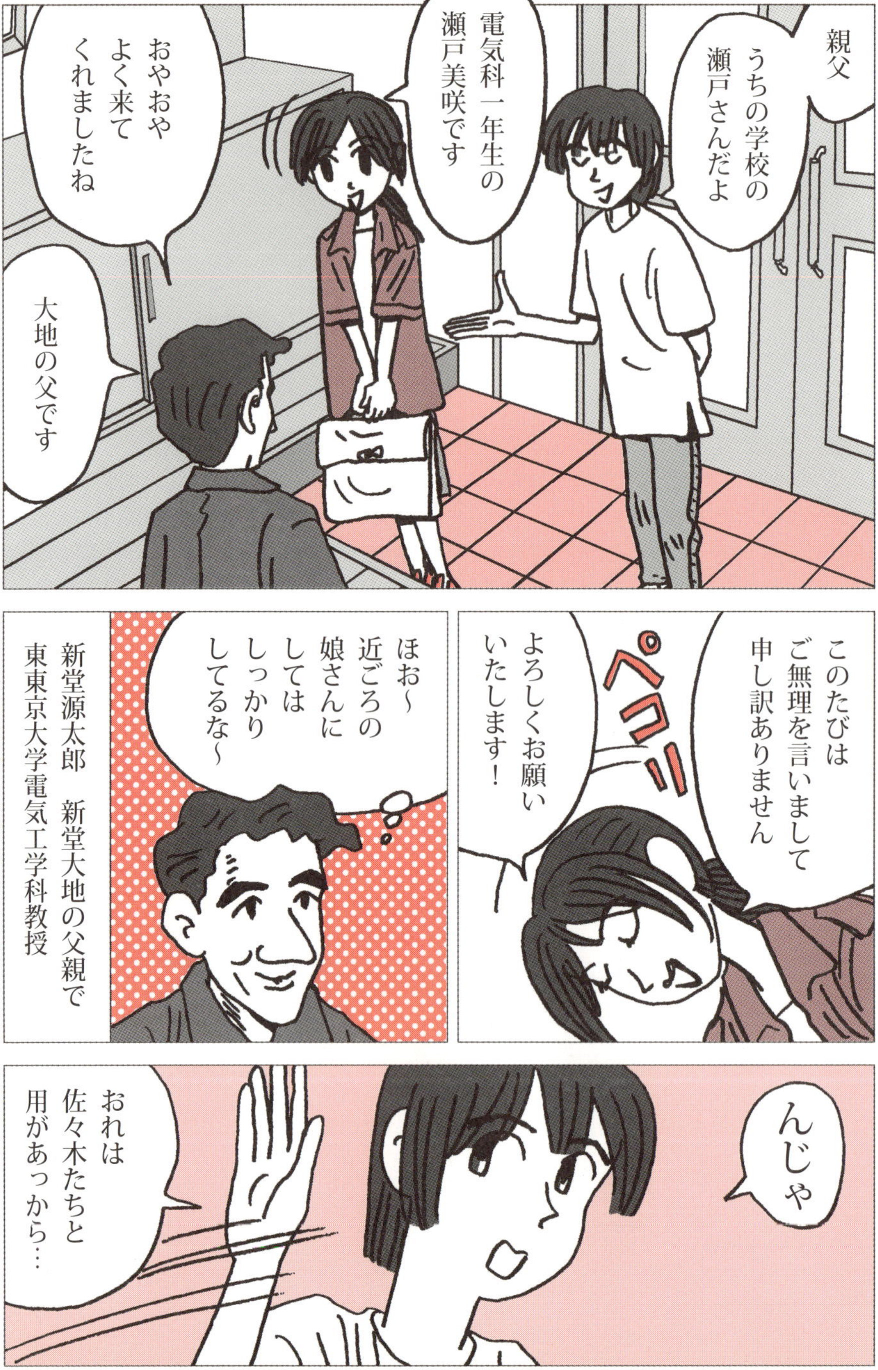
親父
うちの学校の瀬戸さんだよ
電気科一年生の瀬戸美咲です
おやおやよく来てくれましたね
大地の父です
このたびはご無理を言いまして申し訳ありません
ペコリ
よろしくお願いいたします！
ほお〜近ごろの娘さんにしてはしっかりしてるな〜
新堂源太郎　新堂大地の父親で東東京大学電気工学科教授
んじゃ
おれは佐々木たちと用があっから…

11
(1) 磁気について

大地 お前も一緒に 電磁気学を 勉強しなさい
ええ〜
きっと 授業の役に 立つぞ
いいよ おれは〜
一緒でも 構わないかね 美咲さん?
ええ わたしは 構いません…
しょーが ねぇなぁ
ポリ ポリ
わかったよ つきあって やっか…

いらっしゃい
大地の母です
瀬戸です
よろしく
お願い
します
で？
美咲さんは
電磁気を
どのくらい
知っているの？
えへへ
どのくらいって
言えるほど
詳しくは…
たとえば
どんなことを
知っているの
かな？
え～と…
磁石には
N極とS極が
あって…

13
(1) 磁気について

うん
他に知ってることは？
やれやれ…
てへへ…
大地 お前はどのくらい知っているんだ？
お おれは二年生だし美咲ちゃんより少しは…
そうか
わはは
まぁ復習も兼ねて一から勉強してみようか
じゃあさっそく本題に入るとしよう
まず二人とも磁鉄鉱は知ってるかな？
磁鉄鉱？

聞いたことがあるような…
えへ
ないような…
大地おまえはどうだ？
え〜…
磁石のような石だと思うけど…
そう！
磁鉄鉱は鉄粉や鉄片を引きつける性質のある鉱石だよ！
へー
さすがは二年生！
まーな！

15

(1) 磁気について

たとえば鉄やニッケルコバルトなどは磁石でこすってやると釘などを引きつけるようになる
同じように磁鉄鉱でこすってみても鉄釘を引きつけるんだよ
棒磁石
釘
ふむふむ…
これはわたしにもわかるわ…

どうしてだと思う？
磁石の力が鉄などにうつっちゃうからですか？
え〜と
まぁ言い方に多少の問題はあるが
だいたいそういう意味だね
磁鉄鉱のように鉄片などを吸引したり反発したりする力を磁気力といい
こうした性質を磁性というんだ
また磁気力を生じるもとになるものを磁気というよ

17
（1）磁気について

もしかして
磁気を持っているものが磁石なんですか？
そういうことだね
そして磁気の作用を磁気作用といい
さっき美咲さんが言ったように鉄などを磁石にすることを磁化と言うんだよ
へー
磁気作用
磁化

ところでこの棒磁石でもっとも磁気の強い部分はどこだと思う？
N
たぶん
磁石の両端だと思います
S
N
そうだねその両端を磁極というんだよ
さらに両磁極を結ぶ直線を磁軸というよ
いえい！

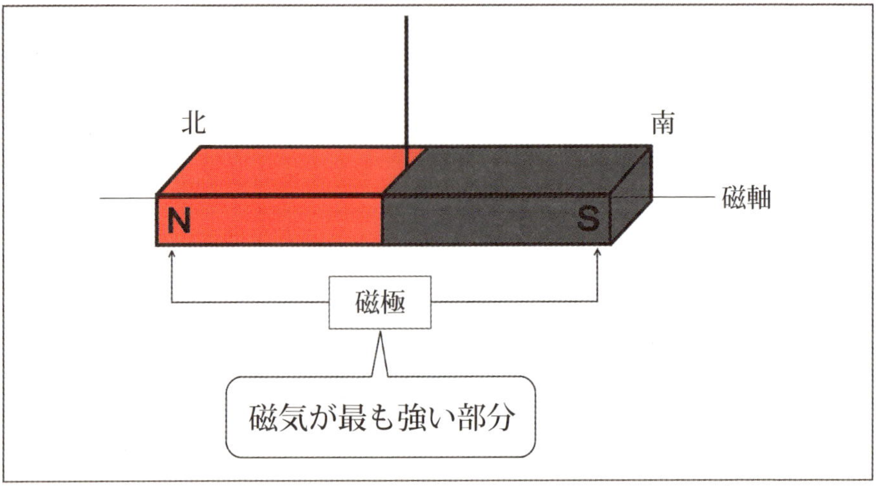
北
南
N
S
磁軸
磁極
磁気が最も強い部分

19
（1）磁気について

棒磁石を糸で吊るしてみるよ…
棒磁石を吊るすと地球の南北を指して静止しますよね
わたしって天才！
それで北を指すほうがN極で南を指すのがS極です！
おまえ自信満々に言ってるけど
それくらいは小学生でも知ってるぜ

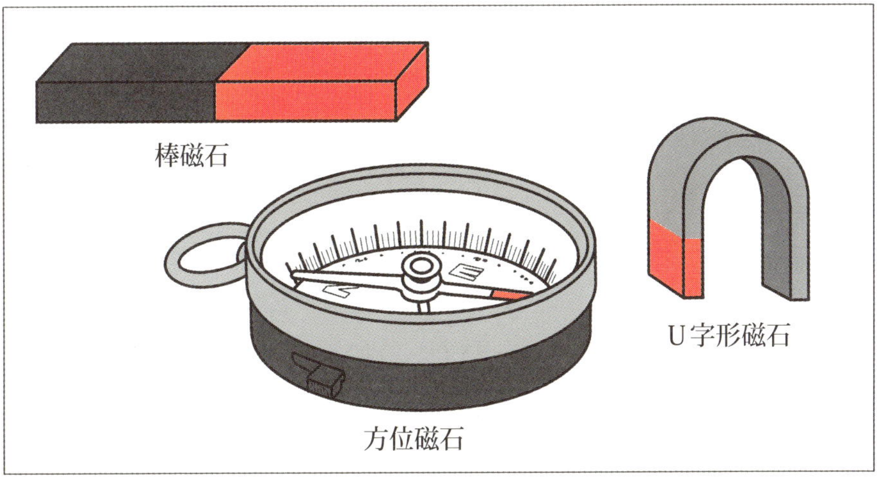
棒磁石
U字形磁石
方位磁石

さらにもう一本の棒磁石を用意するよ…
S
N
N
S

N極とN極あるいはS極とS極を向き合わせると…
S
N
N

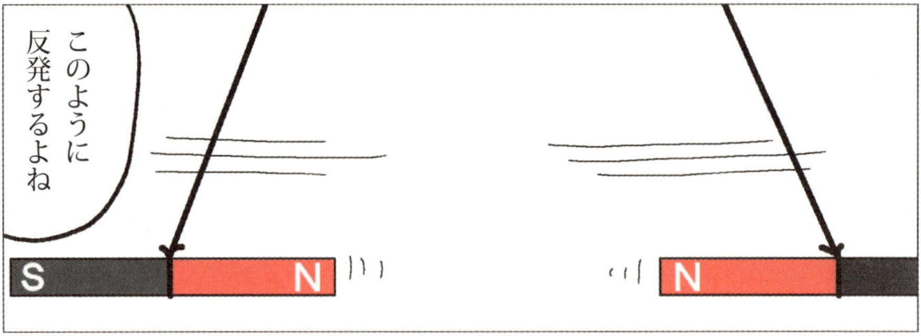
このように反発するよね
S
N
N

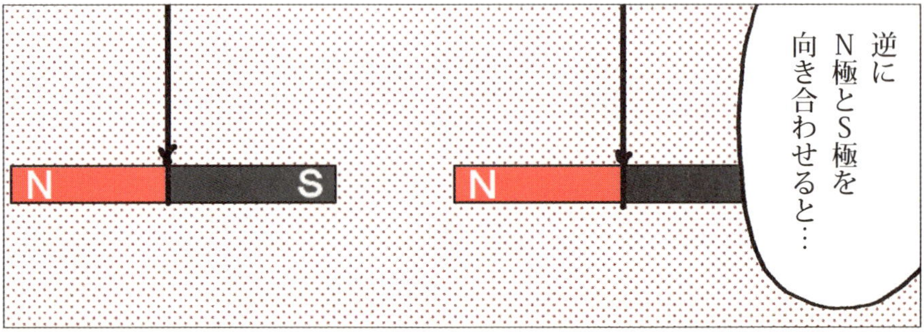
逆にN極とS極を向き合わせると…
N
S
N

(1) 磁気について

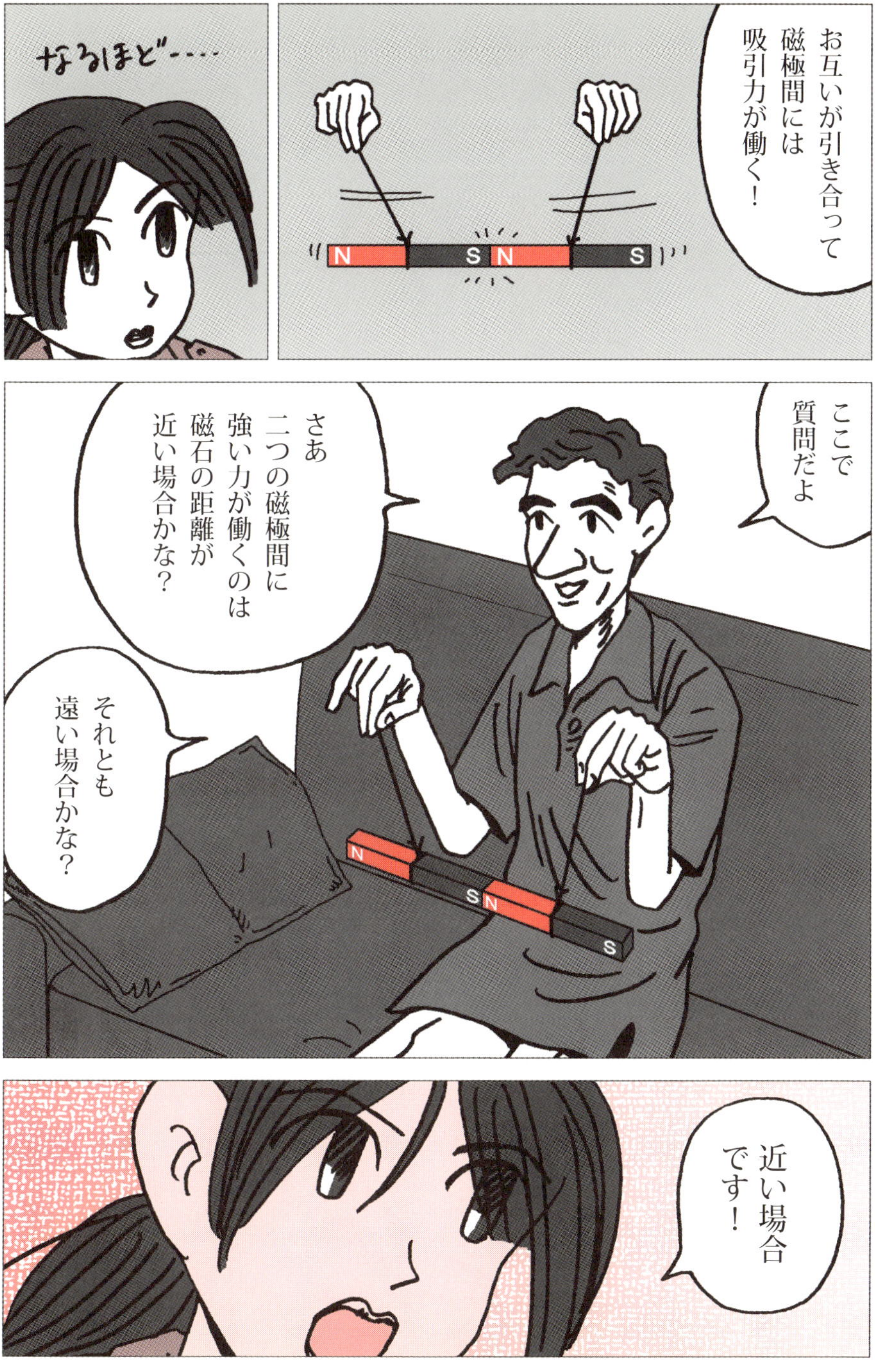
お互いが引き合って磁極間には吸引力が働く！
N
S
N
S
なるほど‥‥
ここで質問だよ
さあ二つの磁極間に強い力が働くのは磁石の距離が近い場合かな？
それとも遠い場合かな？
N
S
N
S
近い場合です！

そうだね
正解！
イエイ！
なんだ大地真剣味が足りんぞ
やれやれ
そんな磁石のことなんかどうだっていいじゃん
みんな知ってることなんだしぃかったりぃじゃん
おいおい初めはそうかもしれんがものには順序ってもんがあるんだ！
すぐに難しい内容になるから知ってることでも確認の意味で聞いていなさい！

23
(1) 磁気について

新堂先輩 教えてもらう 立場の人は 黙って真剣に 聞くものよ
そうそう 後輩の 美咲さんのほうが よっぽど しっかりしてる
……
じゃあ 本題に 戻すよ
お願い します！
このように 二つの磁極間に 働く力は 磁極の力が強いほど また距離が近いほど 大きくなる
はい！
立つな！

磁極の強さを表す単位は？
オレ？
大地　お前に聞いてるんだ
磁極の単位を言ってみなさい
え〜と…
『ウェーバー』だよ
磁極の強さは〔Wb〕（ウェーバー）で表します。
一つの磁石では、N極とS極の磁極の強さmは等しいが、
N極が＋m〔Wb〕であれば、
S極は－m〔Wb〕となります。
な、なんだっけ…

チェックポイント

・鉄片などを吸引したり反発したりする力を磁気力といい、こうした性質を磁性といいます。また、磁気力を生じるもとになるものを磁気といいます。

・二つの磁極間に働く力は、磁極の力が強いほど、また距離が近いほど大きくなります。

(2)電荷と電界
すべての物質は原子からできている
知ってるかな?
知ってます!
知ってるよ…
そして　原子は原子核とあるものからできている
ではあるものとは何かな?
さ　さあ…?
電子じゃねーの
正解だ

原子核(＋)
電子(−)
原子核は正の電荷を、電子は負の電荷をもっています。
すごい新堂先輩！
はは
どうってことねーよ
電子の一部は物質によっては物質内を自由に動き回ることができるので自由電子と呼ばれている
そしてこの自由電子が多い物質こそが電気をよく伝える物質なんだ
これを導体というよ

どうたい…？
どうたい
てへへ
違うみたい…
では
導体とは逆に
自由電子を
ほとんど持たない
物質は
なんて呼ばれて
いるかな？
自由電子が多いと
電気をよく
伝えるわけだから
その逆ですよね…
わかった！
不自由
電子！
ぜっだ、
れーよ…！
ばーか！
絶縁体
だろ！
その通り！
うわー
先輩
すごいじゃ
ないですかー

こんくらい
どうってこと
ねーよ
それよりか
不自由電子なんて
平気で言える
お前が
どうかしてんじゃ
ねーの！
あんたは
エライ！
いやいや
ご謙遜を！

このように電源（電池）に
導体（導線）を接続すると
導体内の自由電子は
電池の正極に向かって
移動する
電流の向き
電子の移動方向
導体（導線）
電源（電池）

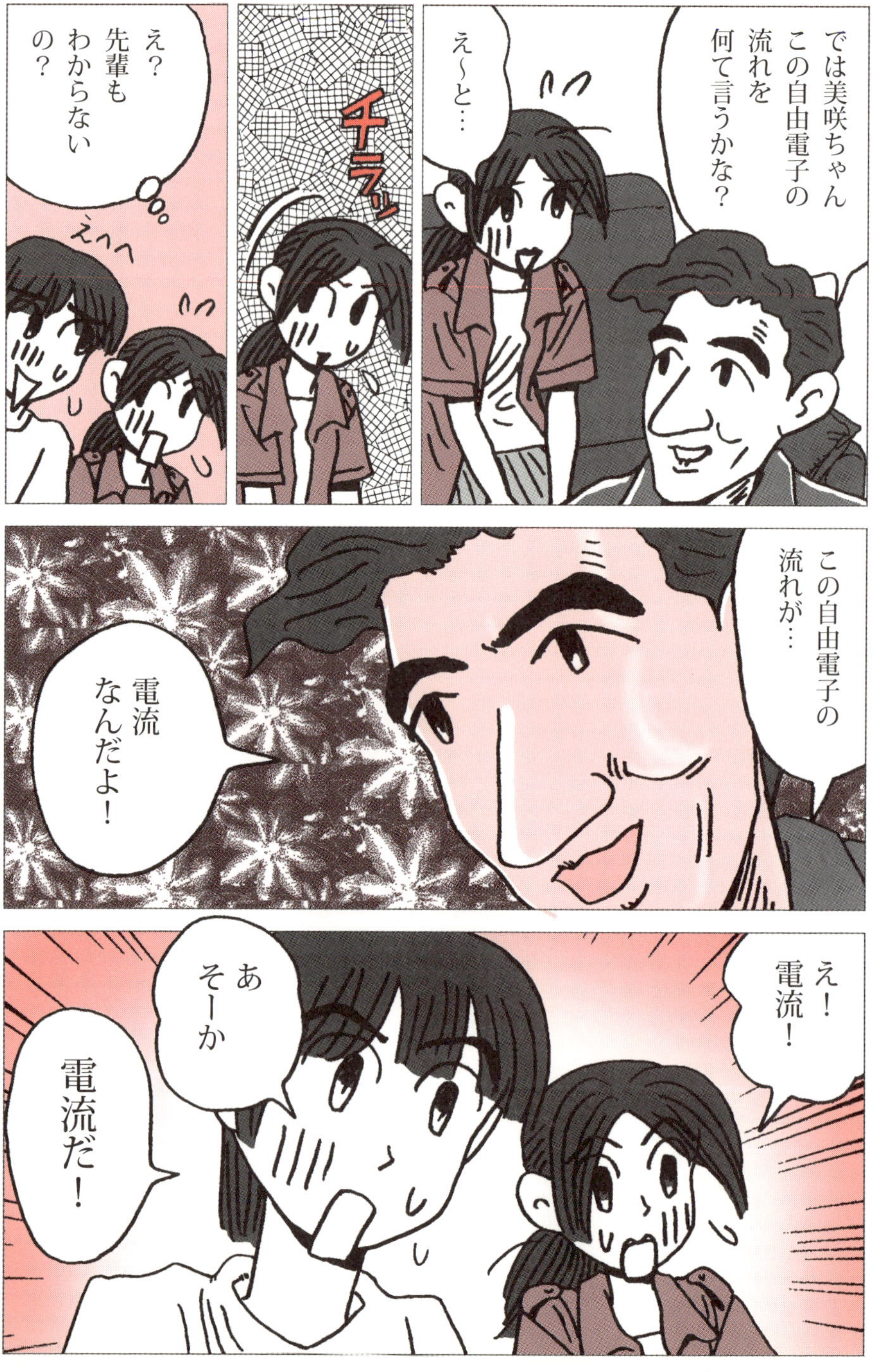
では美咲ちゃん
この自由電子の
流れを
何て言うかな？
え～と…
チラッ
え？
先輩も
わからない
の？
えへへ
この自由電子の
流れが…
電流
なんだよ！
え！
電流！
あ
そーか
電流だ！

電流の向きは、正の電荷の動く向きとされており、
自由電子の移動する向きとは逆になります。
電流の単位は〔A〕（アンペア）で表されます。
へ～
電流って
そういうこと
だったの…

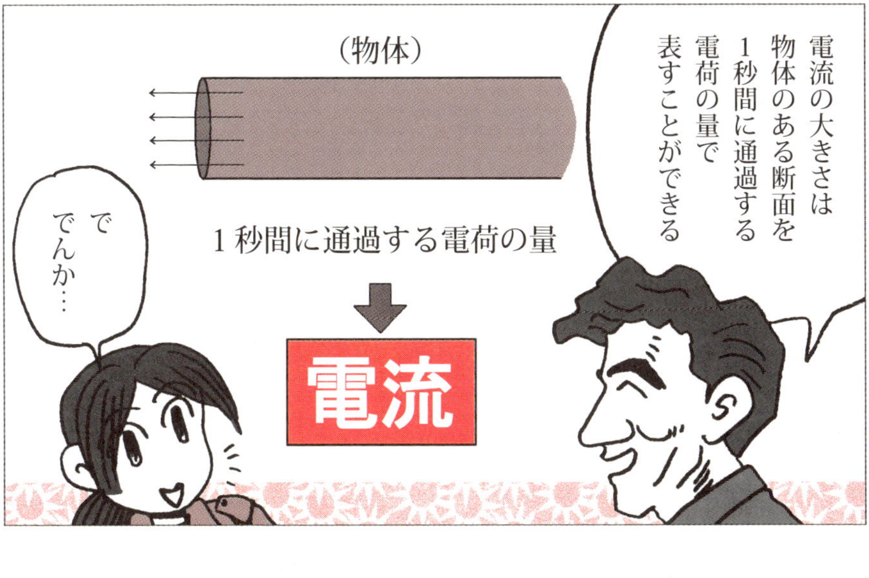
電流の大きさは物体のある断面を1秒間に通過する電荷の量で表すことができる
（物体）
1秒間に通過する電荷の量
電流
で
でんか…

殿下！
ああ殿下が白馬に乗ってわたしの元にやって来られることを一日千秋の想いでお待ちしておりますわ！
字が違うだろ
うっとり
殿下ではなく電荷だろーが！
ば〜かー.

大地電荷の単位は？

たしかクーロンだったかなぁ…
うん
いいぞ

電荷の単位は〔C〕（クーロン）です。そして、導体の断面を、t秒間にQ〔C〕の電荷が移動するとき、電流I〔A〕は次の式で表されます。

$$I = \frac{Q}{t}〔\mathrm{A}〕$$

ビリ
ビリ
ビリ
ビリッ
…?
細かくちぎった紙をテーブルに置いてと…
いいかい見ていてごらん…
ガラス棒
絹のハンカチ
ギュッ
ギュッ
ギュッ
?

あ!
紙がガラス棒に吸い寄せられていく!
これは摩擦によって電気が発生して起こる現象だよ
ではこのような電気を何て言うかな?

ガラス電気でしょう！
ブーッ！
バツです！
え〜っ
摩擦によって発生する電気だから…
摩擦電気かなぁ？
ピンポン！
正解！
さっすが〜
偶然だよ…

正電荷を陽電気、負電荷を陰電気ともいいます。

この場合、ガラス棒に正電荷、絹のハンカチに負電荷が生じます。そして、ガラス棒に生じた電気を正電荷といい、絹のハンカチに生じた電気を負電荷といいます。
ガラス棒（+)/ 正電荷
絹のハンカチ（−)/ 負電荷
このときガラス棒または絹のハンカチに電荷が生じたというよ
あるいは帯電したともいうね
先生電荷って何ですか?
電荷
電荷は電気現象の根源だね
陽電気と陰電気に分けることができるよ
物体が帯びている電気のことを電荷と考えればよいだろう
陽
陰
陽電気：正電荷のこと。
陰電気：負電荷のこと。

そして
電荷によって生ずる
電気的な吸引力や
反発力が
およぶ領域を
電界と
いうんだよ
呼んだ?
電界って
霊界のこと
かしら…?
ぜんぜん違います
作者
つまり
ガラス棒に
紙がくっつく
範囲の
領域って
こと?
そうだ
てことは
紙が
くっつかなく
なったら
電界の
領域外って
ことね…
霊界じゃないのね……
そうです
よかった〜
ほっ
とくに 電荷が
静止している
状態での電界を
静電界と
呼ぶんだよ
ちぇっ、かん違いか….
電荷の動きやすい
物質から順に、
導体、半導体、不導体、
または絶縁体といいます。

ここのリビング とっても調和が とれていて 落ち着きます
あら ほめてくださって ありがとう
よく 気が付く お嬢さんね
えへへ そんなこと 初めて 言われ ました
どっちが ほめて もらって いるのか…
たしかに 室内が落ち着いた 状態っていうのは いいもんだね
はい

ところで　原子や
その集合体である物質も
通常の状態では
電子と陽子の数は
等しくつりあっていて
中性の状態を
保っているんだよ
つまり
落ち着いた
状態だね
なるほど
さすがは
大学教授
すべてを学問に
結びつけて
考えるとは…
ところが
このバランスが
崩れると
どうなる
かな？
？
え
さあ～
たぶん
プラスか
マイナスか
どっちかに
なるんじゃ
ねーの？

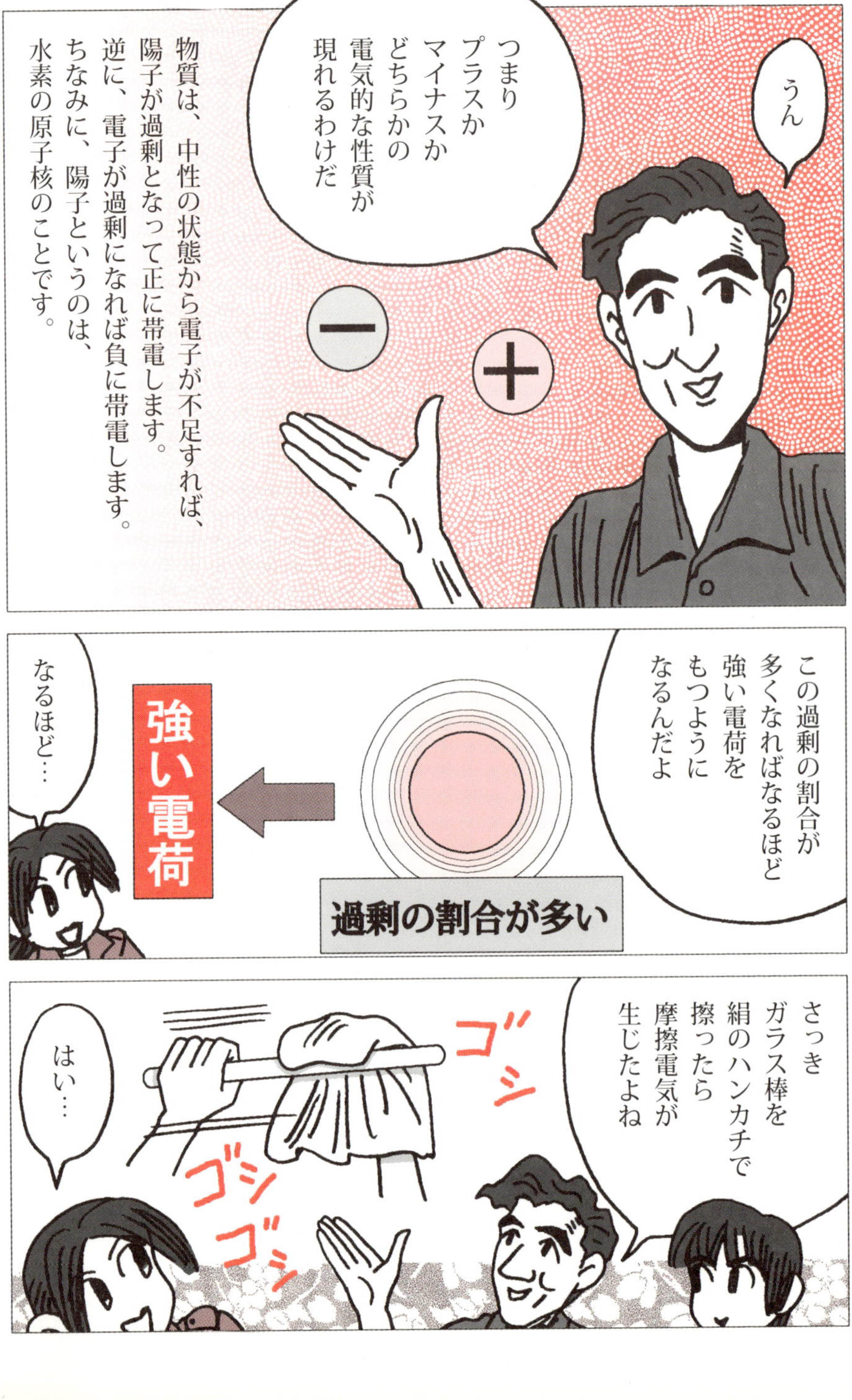
うん
つまりプラスかマイナスかどちらかの電気的な性質が現れるわけだ
物質は、中性の状態から電子が不足すれば、陽子が過剰となって正に帯電します。逆に、電子が過剰になれば負に帯電します。ちなみに、陽子というのは、水素の原子核のことです。
この過剰の割合が多くなればなるほど強い電荷をもつようになるんだよ
過剰の割合が多い
強い電荷
なるほど…
さっきガラス棒を絹のハンカチで擦ったら摩擦電気が生じたよね
ゴシ
ゴシ
ゴシ
はい…

これは　ガラス棒を絹のハンカチで擦ったことでガラス棒の中の電子が絹のハンカチに移動し…
絹のハンカチが負電荷をもつと同時にガラス棒の中では正電荷が余分になったと考えられるんだよ
ふ～んそうなんだ…

Ⓟチェックポイント

・原子核は正の電気を、電子は負の電気をもっています。

・導体に電源を接続すると、導体内の自由電子は電池の正極に向かって移動します。そして、この自由電子の流れが電流です。

・電荷は、電気現象の根源であって、陽電気と陰電気に分けることができます。そして、物体が帯びている電気のことを、電荷と考えます。陽電気とは正電荷のことで、陰電気とは負電荷のことです。

・電荷によって生ずる電気的な吸引力や反発力が及ぶ領域を、電界といいます。

・物質は中性の状態から電子が不足すれば、陽子が過剰となって正に帯電します。逆に、電子が過剰になれば負に帯電します。

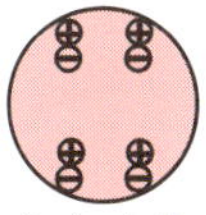
（a）中性

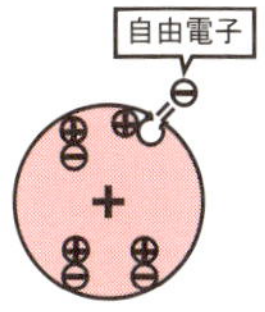
自由電子
（b）正電荷の発生

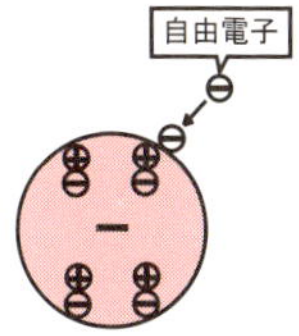
自由電子
（c）負電荷の発生

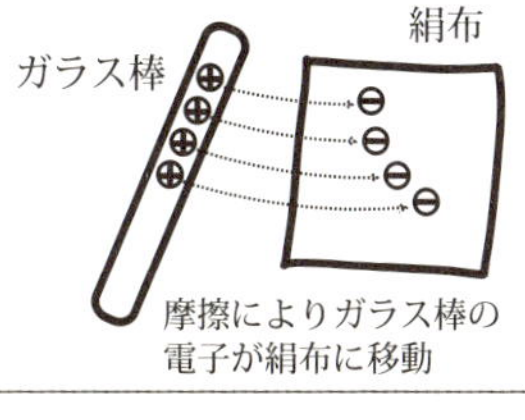
ガラス棒
絹布
摩擦によりガラス棒の電子が絹布に移動

（3）電位と電位差

この状態で水の入った2つのタンクをつなぐ弁を開いたらどうなるかな？
タンクA
タンクB
水位の差
水流
弁
ポンプ
※ポンプによって水位の差を確保します
水位の高いタンクAから水位の低いタンクBに水が流れると思います
だよな…

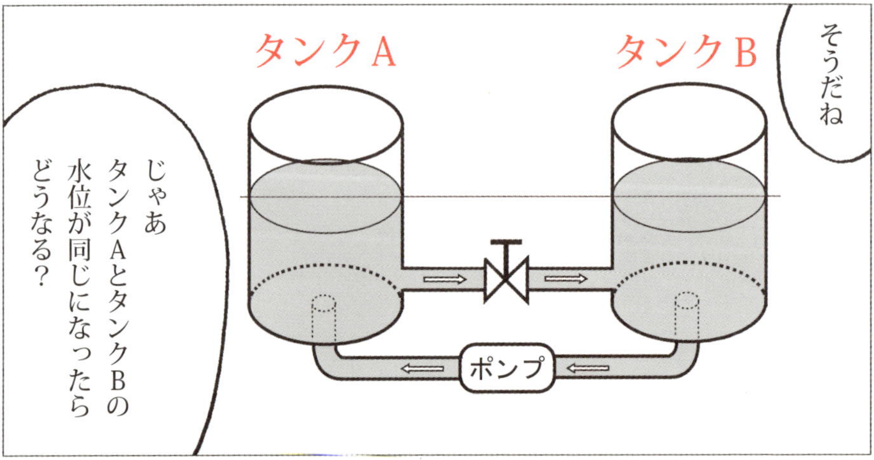
そうだね
タンクA
タンクB
ポンプ
じゃあタンクAとタンクBの水位が同じになったらどうなる？

もう水は流れなくなります
おれもそう思うな…
うん
コクリ
実は電荷の流れ…
つまり電流についても同じように考えられるんだよ
なんとなくわかります…
どうわかったのかな？
たぶんこうだと思います
つまり…

正電荷をもったAと負電荷をもったBを導体でつなぐとAからBに電流が流れる…
たぶん…
あれ
違ったかな…？
いーんじゃないの！

その通り！
いや〜ビックリして声が出なかった・・・
よく分かったね美咲さん！
ほっ

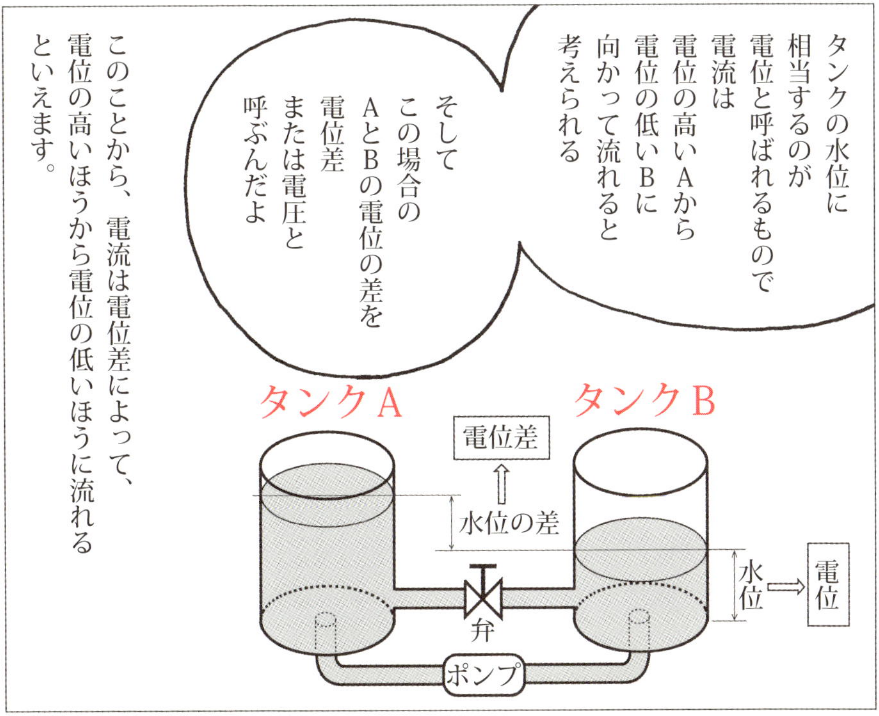
タンクの水位に相当するのが電位と呼ばれるもので電流は電位の高いAから電位の低いBに向かって流れると考えられる
そしてこの場合のAとBの電位の差を電位差または電圧と呼ぶんだよ
このことから、電流は電位差によって、電位の高いほうから電位の低いほうに流れるといえます。
タンクA
タンクB
電位差
水位の差
水位
電位
弁
ポンプ

へ～電圧ってそういうことだったの
授業で電流とか電圧がよく出てくるけど今いちよくわかんなかったのよね…
電位や電圧には、〔V〕（ボルト）という単位が使われます。
親父！
なんだ大地？
電流や電位差を水で説明してたよね？
うん
たしかに水位の基準は海の海水面だけど電位の基準は地面じゃねーの？
そう言われてみるとそうかも…

よく知ってたな
おれ二年生だし…
ふむふむ
……
たしかにわたしは一年生だわさ…
水位はあくまでも電流や電位差を分かりやすく説明するために使ったわけで…
実際の電位の基準は大地…
つまり地球なんだ！
あれ！
新堂先輩も名前が大地ですよね！

ひょっとして　先生は　ここから　先輩の名前を　とったんですか?
ぷっ
そうじゃ　ない
こいつが　生まれたとき　大地のように　広く大きな　心の人間に　育って欲しいと　願って　大地と命名　したんだよ
ははは
奈津子　そうだったな
ええ　そうでした…
へえ～
な　なんだよ～
地面よりか　大地とか　地球のほうが　絶対に　カッコいい　ですよね
むふふ
ふん　意味は　おんなし　だよ

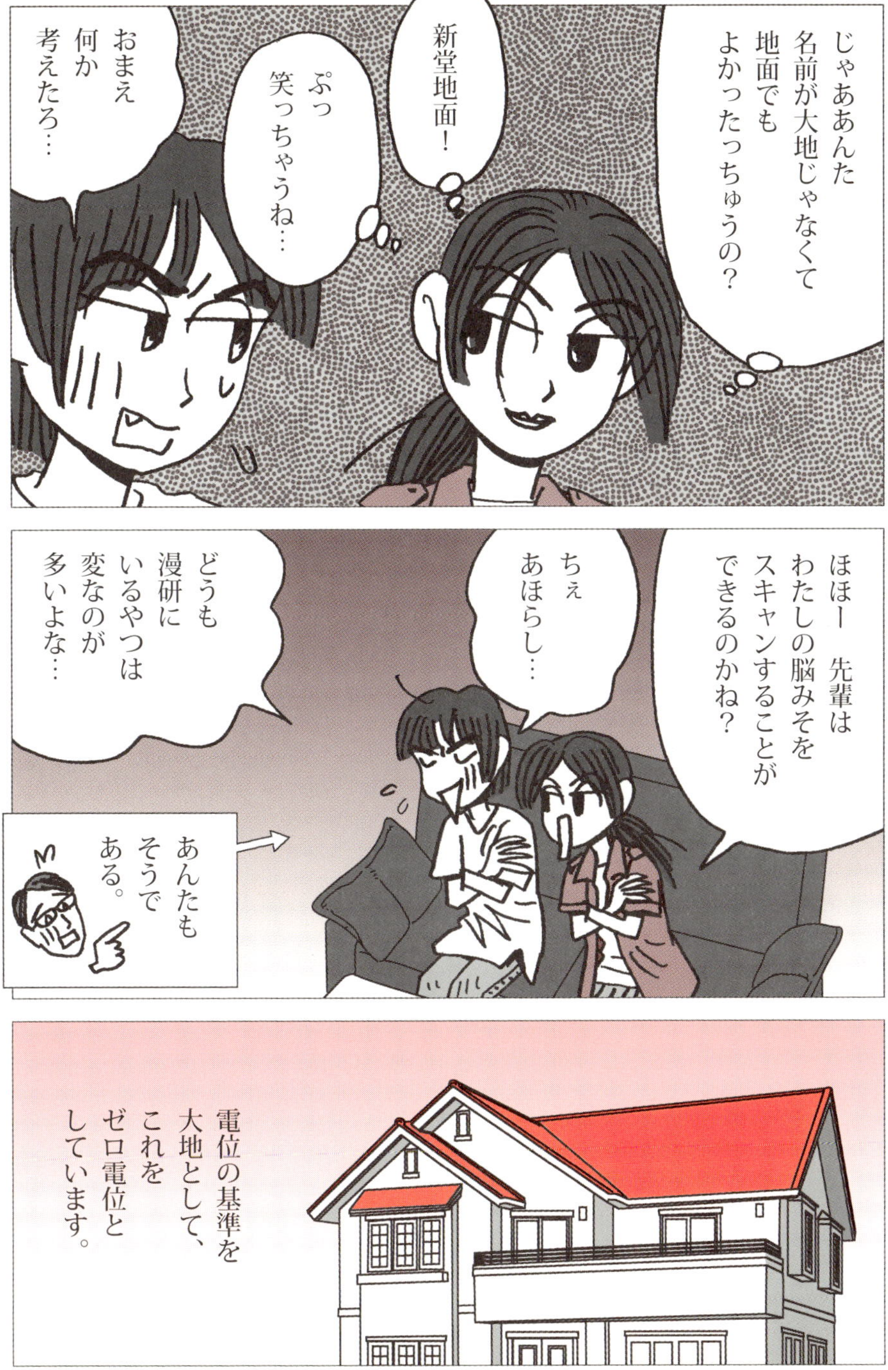
じゃあんた名前が大地じゃなくて地面でもよかったっちゅうの？
新堂地面！
ぷっ笑っちゃうね…
おまえ何か考えたろ…
ほほー 先輩はわたしの脳みそをスキャンすることができるのかね？
ちぇあほらし…
どうも漫研にいるやつは変なのが多いよな…
あんたもそうである。
電位の基準を大地として、これをゼロ電位としています。

ところで親父…
なあ大地
美咲さんの前で親父　親父と言うのはちょっとなぁ～
あ～～ん
じゃあ何て言やいーんだよ？
先生と呼びなさい！
よ…
呼べるかよ！
すまんね美咲さん
親父という呼び方は古い人間ぽくてどうも好きじゃないんだが…
先生は本当は先輩に何て呼ばれたいんですか？
はは

若々しい人間ぽく…
そうだねパパとかダディかなぁ
アホか!
え!
わはははは
じ 冗談なんですね
ああビックリしたぁ～
いやぁ驚いたこの親にしてこの子ありだわ…
ははは…
本心だったりして…

親父 話を戻すけど いいか？
ああ そうだな…
やっぱり「親父」か….
一つ疑問があんだけど 電位の基準が 大地だとした場合 地球自体が 導体じゃん
てことは 地上にある物質に対して 電荷の出入り つまり　電位の移動が あるんじゃねーの？
ようするに 大地は 地球が 電位の基準には なりえないと 考えるわけか？
ああ…

たしかに
考え方としては
正しい
しかし
地球は巨大すぎる導体だから
電荷が入っても出ても
電位変動がないものと
考えられるんだ
ふ～ん
地球は
巨大すぎる
導体か…
わかるような
わからんような…

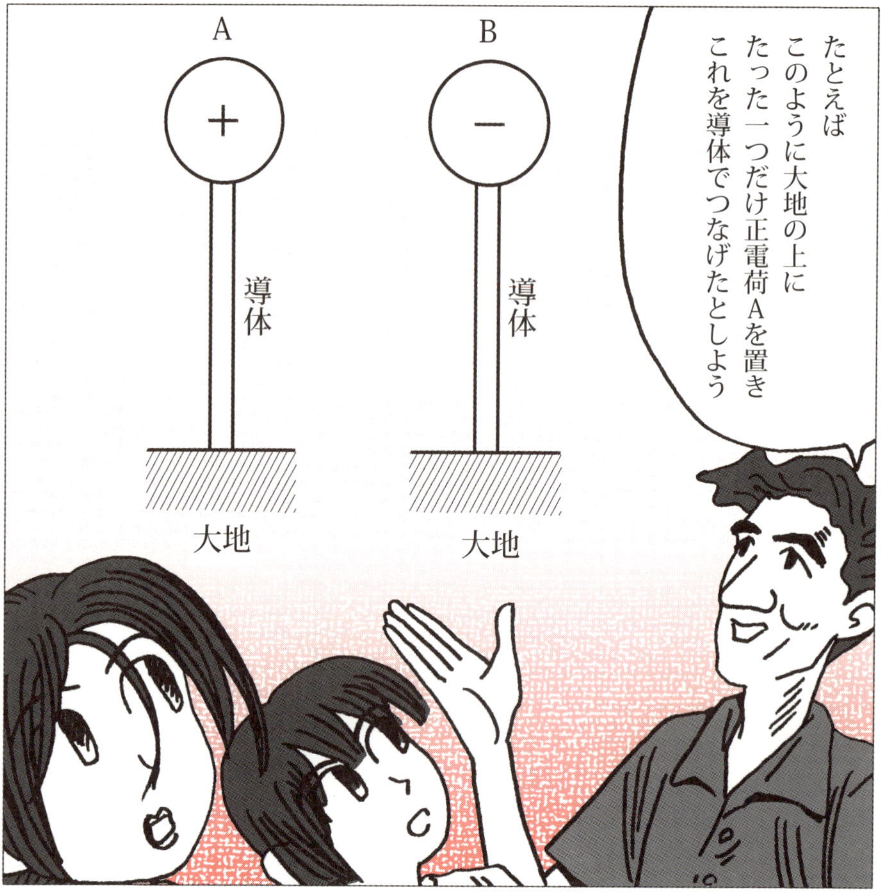
たとえば
このように大地の上に
たった一つだけ正電荷Aを置き
これを導体でつなげたとしよう
A
B
＋
−
導体
導体
大地
大地

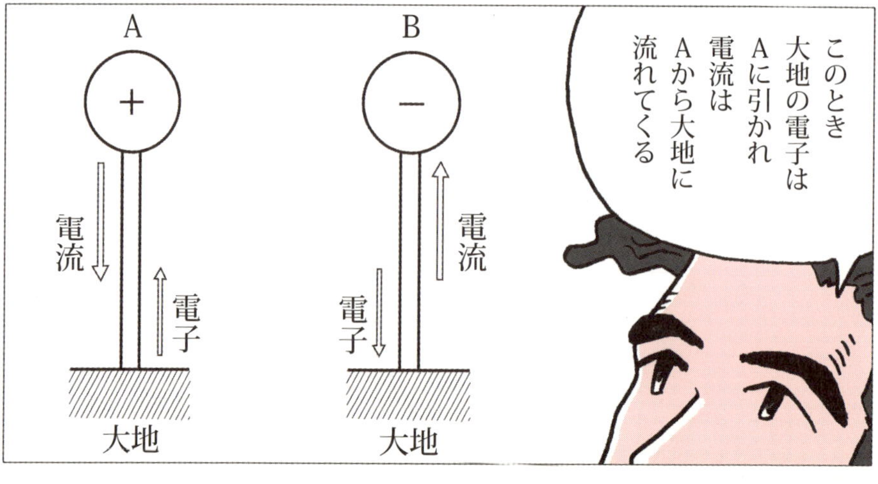
このとき
大地の電子は
Aに引かれ
電流は
Aから大地に
流れてくる
A
B
＋
−
電流
電子
電流
電子
大地
大地

電流
電子
電子と電流は逆方向に流れるからね…
またBのような負電荷をもつものは正電荷とは逆に電子が大地に移動し電流は大地からBに流れる（父）
さぁここまではわかるかな？
なんとなく…
ああわかるよ
OK！
ということはAの電位は大地よりも高くBの電位は大地よりも低い
そう言えるだろ？

え～と
高い方から低い方に
流れるわけだから…
電流が
Aから大地に
流れるって
ことは…
Aの電位は
大地より
高いって
ことね…

なるほど…

た
たしかに…

つまり　大地はゼロ電位なのだから
このような場合
正電荷をもつものはプラスの電位をもち
負電荷をもつものはマイナスの電位をもつ
といえるだろ！
なるほど！

P チェックポイント

- 電流は電位差によって、電位の高いほうから電位の低いほうに流れる、といえます。
- 電位の基準を大地として、これをゼロ電位としています。
- 地球は巨大すぎる導体なので、電荷が入っても出ても、電位変動がないものと考えます。

(4)起電力
A(高電位)
B(低電位)
電流
(+)
(−)
ちょっとこれを見てごらん
球体状の高電位の導体Aと同じく球体状の低電位の導体Bがあるとしよう
球体の導体ってどのくらいの大きさを考えればいいですか?
地球じゃ巨大すぎるんですよね…
卓球のピンポン球くらいだと思えばいいよ
あまり深く考えないでいいよ
ポピ
なるほど

おまえってほんとくだらないことにこだわるよな
そんなことどうだっていいじゃん
ピンポンでもサッカーでもさぁ
だって具体的にイメージできるもののほうが理解しやすいでしょ
なるほどそうかもしれんな…
よし！じゃあピンポン球で通そう！
先生お願いします！
今まであまり話したことないからただ可愛いだけだと思ってたけど…
こいつホント変なやつだよなぁ…
……

ピンポン球Aとピンポン球Bを導体でつなぐと電位差によって電流が流れる
なるほど
A
B
電流
A(＋)
B(－)
電流
電流って自由電子の流れですよね
そう!
よし!
ちゃんと覚えたぞ!
ところで電流が流れるにつれてピンポン球Aの電位はしだいに降下していくよね
逆にピンポン球Bの低電位の方はしだいに電位が上昇していく…

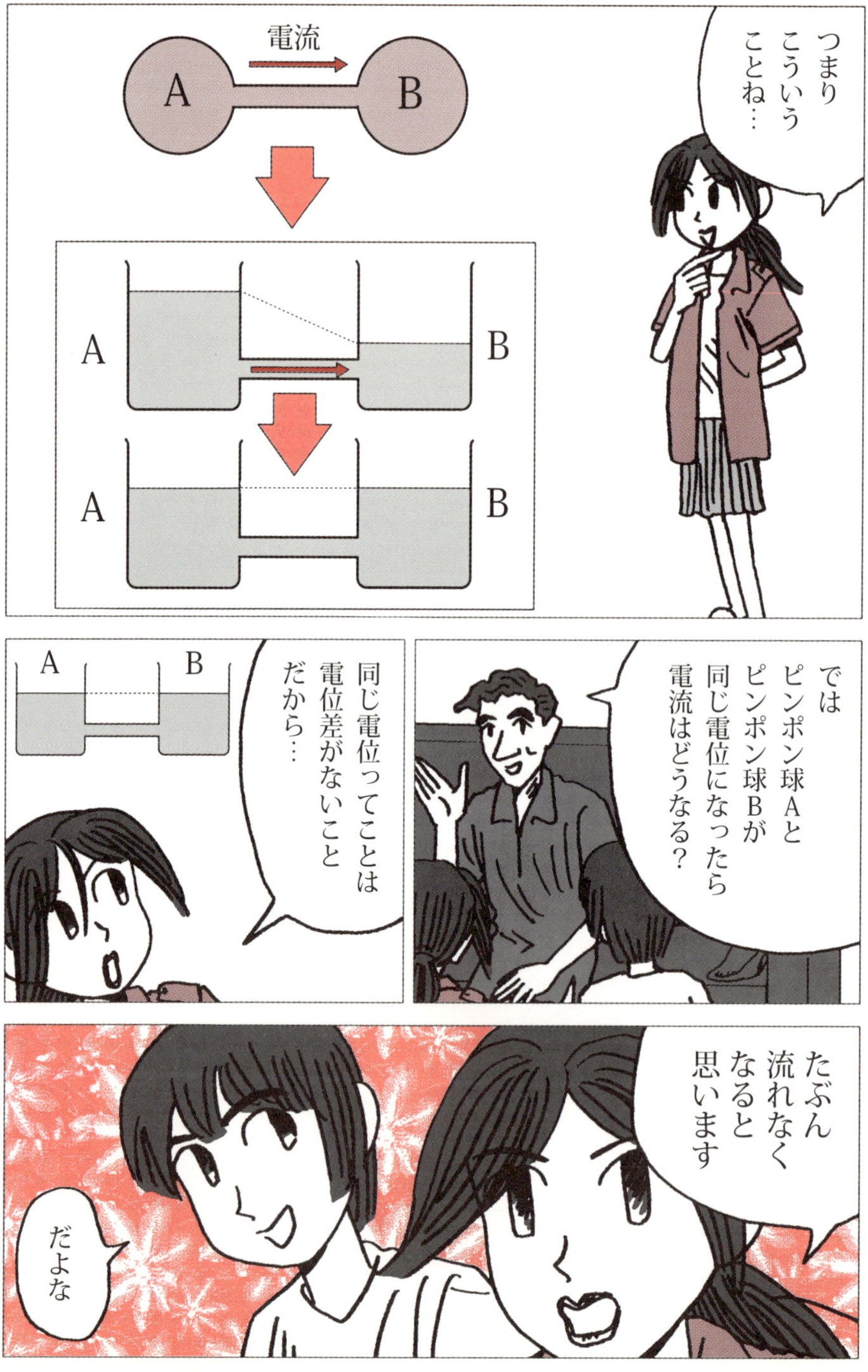
つまりこういうことね…
電流
A
B
A
B
A
B
ではピンポン球Aとピンポン球Bが同じ電位になったら電流はどうなる?
A
B
同じ電位ってことは電位差がないことだから…
たぶん流れなくなると思います
だよな

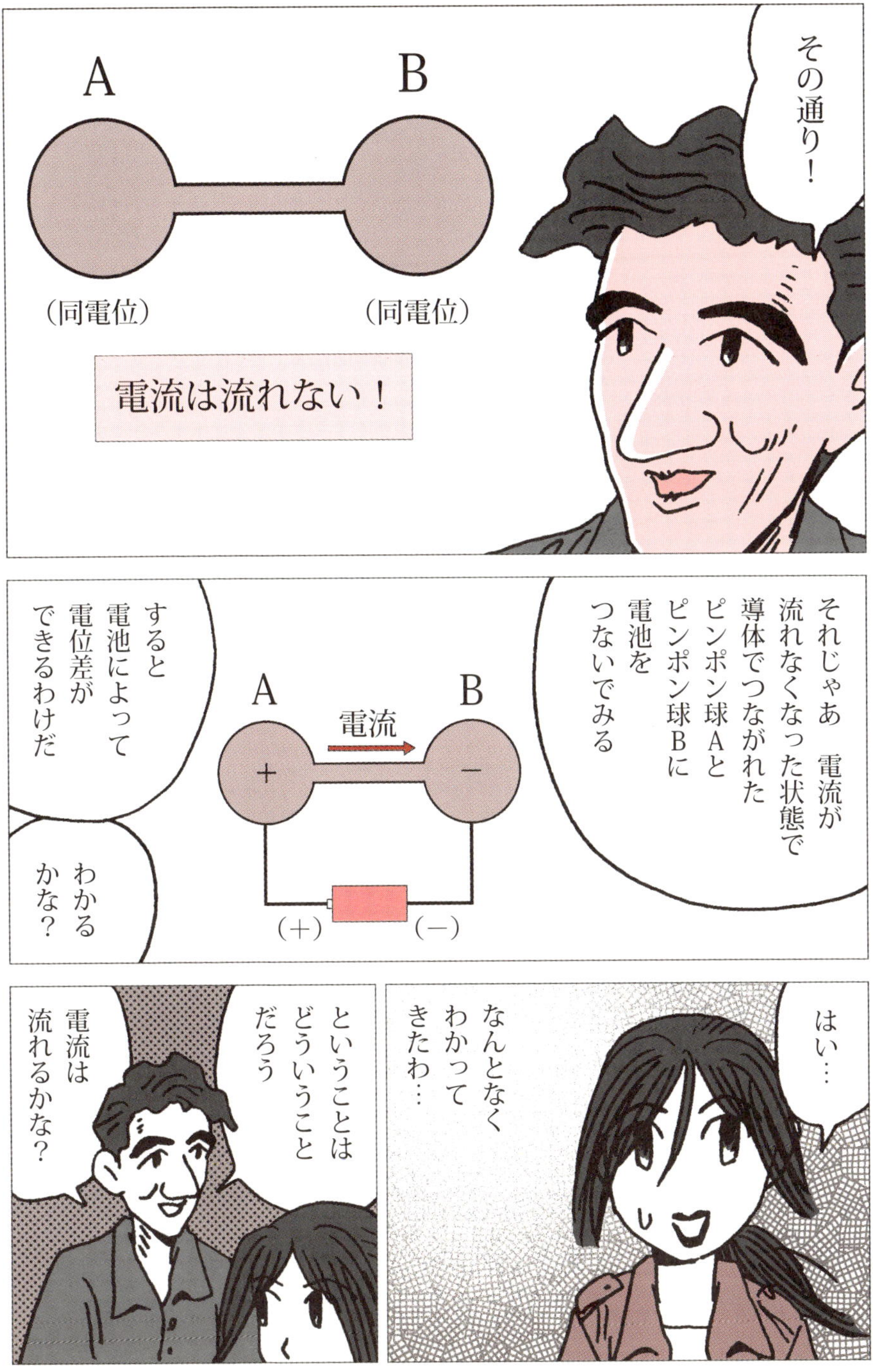
その通り！
A
B
(同電位)
(同電位)
電流は流れない！
それじゃあ　電流が流れなくなった状態で導体でつながれたピンポン球Aとピンポン球Bに電池をつないでみる
A
B
電流
＋
−
(＋)
(−)
すると電池によって電位差ができるわけだ
わかるかな？
はい…
なんとなくわかってきたわ…
ということはどういうことだろう
電流は流れるかな？

電位差ができたのなら電流が流れます
うん電流が流れるね
そしてこの電池のように電位差をつくる力を起電力というんだよ
起電力！

起電力の大きさを表すには起電力によってつくられる電位差つまり電圧で表すんだよ
電圧
ということは起電力の単位も電圧と同じ〔V〕ですね
V
ボルト
そういうこと！
じゃあ今日はここまでにしましょう
はい
ありがとうございました！

美咲さんはなかなか飲み込みが早いね
えへへそうですか～
おせじだよ
そんなふうに言われたの初めてですぅ
いつでもいらっしゃい
時間の許すかぎり電磁気学を教えてあげましょう
わーい
よろしくお願いいたします！
新堂先輩のお母さん熱心に読書してるけどどんな本を読んでいるのかしら…

65
(4) 起電力

おじゃま
しました…
美咲さん
ぜひ また
いらっしゃいね
げっ
マンガ！
い 意外〜
まさか
マンガの本
だったとは…
じゃーね
……
新堂先輩って
母親似だった
のね…

先輩 今日は ありがとう ございました
あのなー 明日 ガッコで おれん家に来たって 言わねーほうが いいと思うんだ
とくに 漫研の連中には さー
うん わかった そうする
じゃあ…

あいつ ちょっと変だけど やっぱし 可愛いよな～
うふふ…

P チェックポイント

・高電位の導体Aと低電位の導体Bを、導体でつなぐと電流が流れます。しかし、導体Aと導体Bが同じ電位になると、電流は流れなくなります。

・電位差をつくる力を起電力といいます。

第二章　磁気の性質

(1) 磁気誘導と磁性体

漫画研究会
…だから
あいつが
おれの親父に
電磁気学を
教わって
たんだよ
それは
わかった
問題は
なんでおまえまで
美咲ちゃんと一緒に
勉強したのかって
ことだろ
そーだ
そーだ
おまえ
言った
じゃんか
おれは
一緒に
勉強は
しねーって
よぉ！
し
しょうが
ねーだろ
成り行き上
そうなったん
だからぁ～
この
悪魔！
な
なんだよ
五十嵐～

(1) 磁気誘導と磁性体

この悪魔！
あ～おまえってやつは～
美咲ちゃん大丈夫だった？
この悪魔と悪魔の父親に襲われたりしなかった？
大丈夫よ悪魔ちゃんたちおとなしいから
ナワほどけよ
それにいざとなったらわたしの方が強いもん！
そーだよね美咲ちゃん合気道三段だもんね！

というわけで 新堂 お前の負けだ！
なんのこっちゃ
ねえ！
よかったら みんなで 新堂先輩の お父さんに 電磁気学を 教わりに行く？
一緒に 勉強 しよーよ
いや やめとく 美咲ちゃんが 安全だと 分かった からには 行く必要 ないもんね
そ それに おれら 勉強嫌いだし さぁ えへへ
ぼくは 機械科だから 電磁気学は いらないや
てことで 新堂 美咲ちゃんの勉強 しっかり 面倒みろよ！
それで 美咲ちゃん なんかあったら 合気道三段で ぶっ飛ばして いいから！
あい！

おまえらって ほんと 勝手だよな～
先輩 今度の日曜日 また おじゃま しますんで よろしくね！
ああ…
そして 日曜日―
うちのお母さんが 持って いきなさいって
あら 美味しそう ねー
へー

パンづくりはお母さんの趣味なんです
皆さんでめしあがってください
ありがとう美咲ちゃん
サンキュー
…さて今日からはちょっとばかり難しくなるよ
先生よろしくお願いします！
磁石の性質については先日話したね
はい！

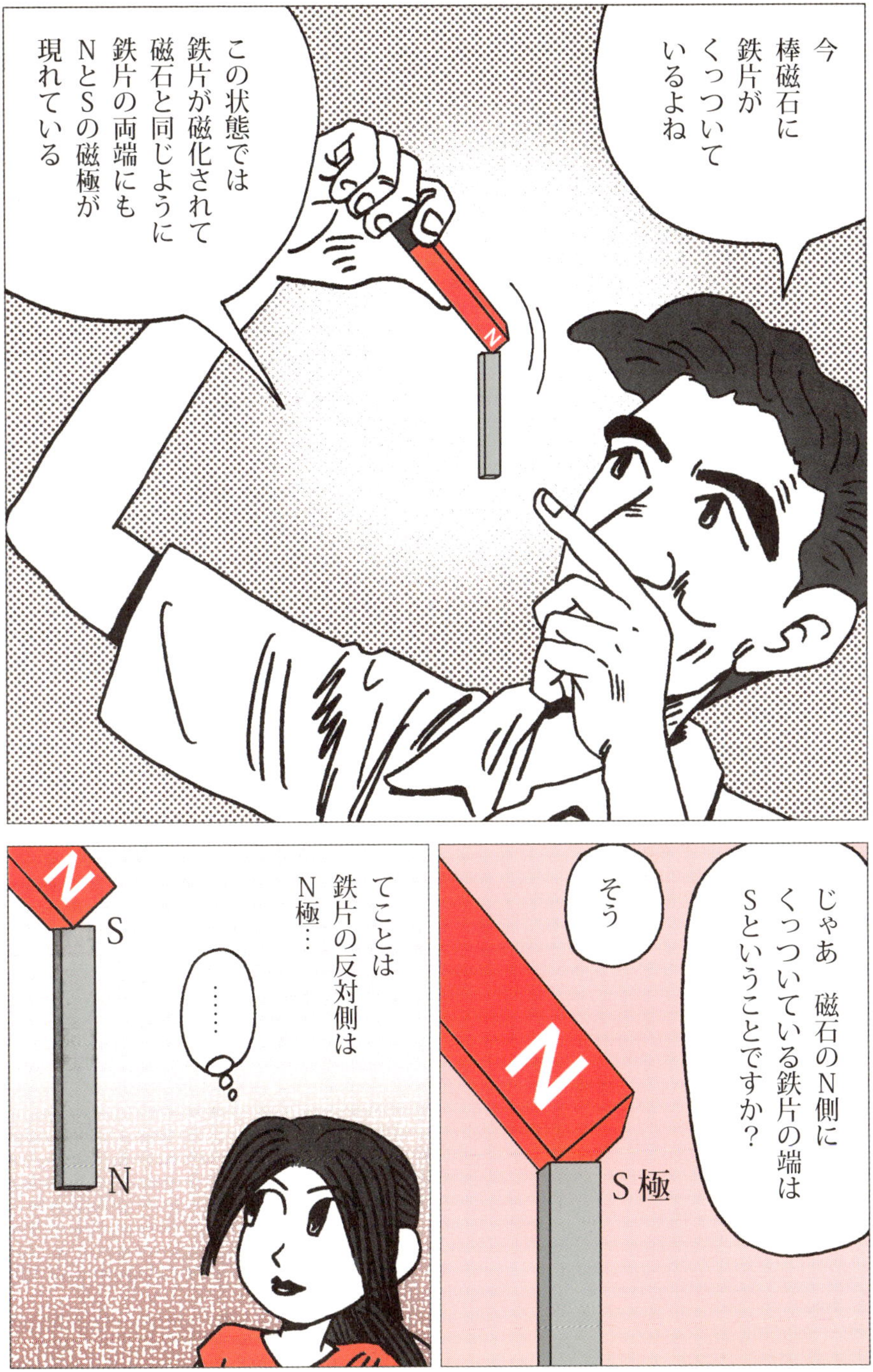
今
棒磁石に
鉄片が
くっついて
いるよね
この状態では
鉄片が磁化されて
磁石と同じように
鉄片の両端にも
NとSの磁極が
現れている
N
じゃあ　磁石のN側に
くっついている鉄片の端は
Sということですか?
そう
N
S極
てことは
鉄片の反対側は
N極…
……
N
S
N

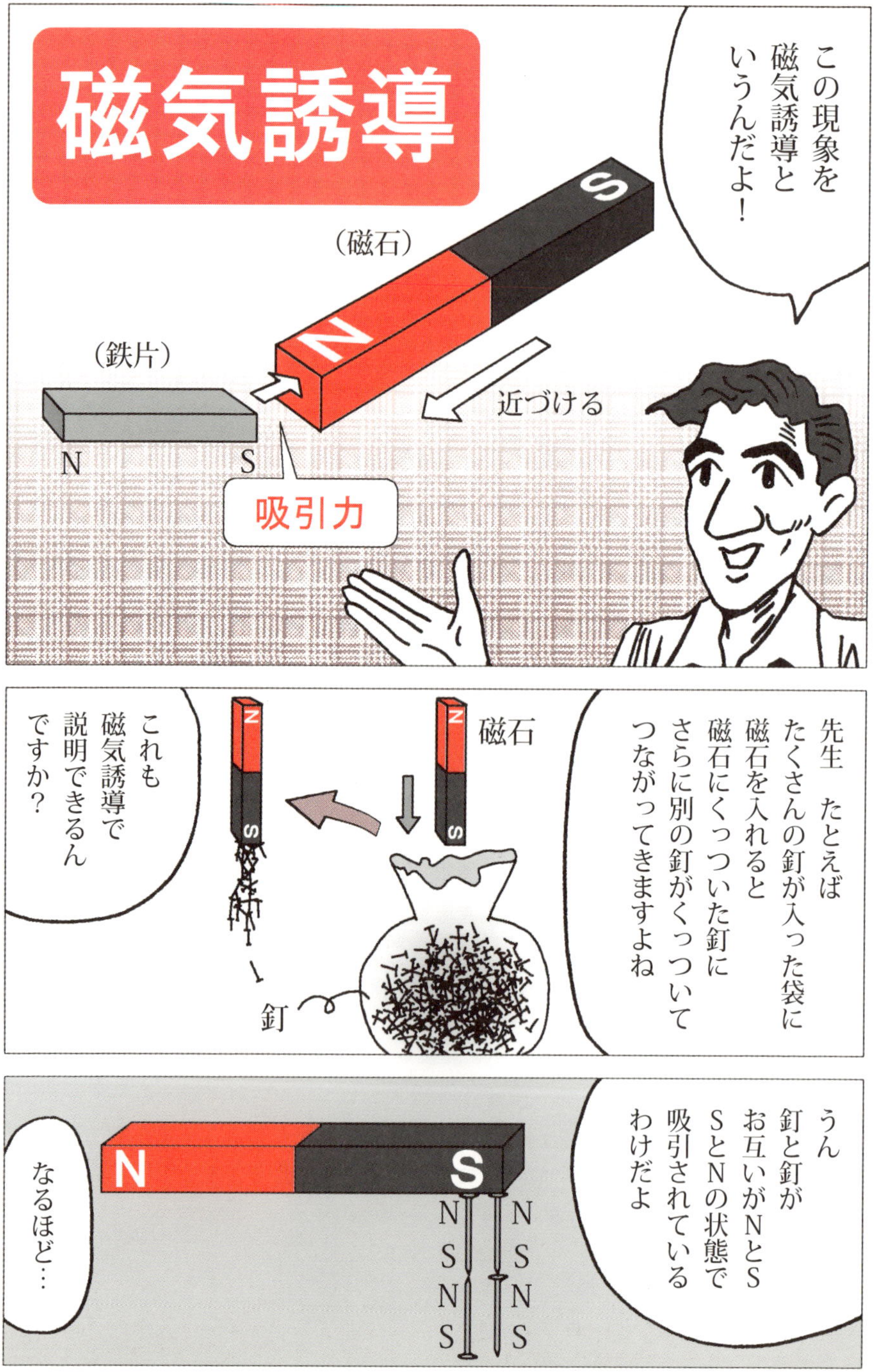
この現象を磁気誘導というんだよ！
磁気誘導
（磁石）
N
S
（鉄片）
N
S
近づける
吸引力
先生　たとえば たくさんの釘が入った袋に 磁石を入れると 磁石にくっついた釘に さらに別の釘がくっついて つながってきますよね
磁石
N
S
N
S
釘
これも 磁気誘導で 説明できるんですか？
うん 釘と釘が お互いがNとS SとNの状態で 吸引されている わけだよ
N
S
N N S N S
N S N S
なるほど…

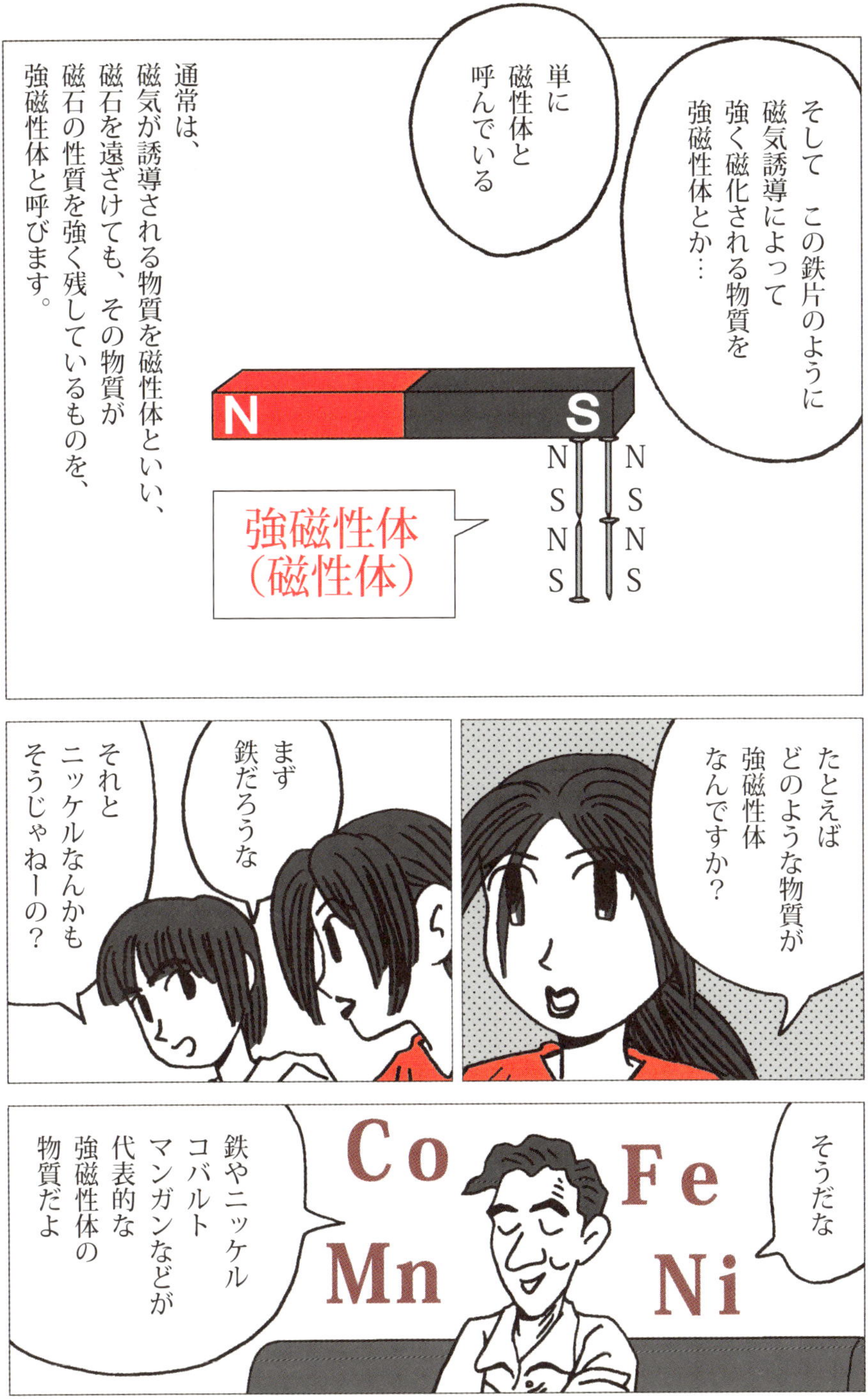
そして　この鉄片のように 磁気誘導によって 強く磁化される物質を 強磁性体とか…
単に 磁性体と 呼んでいる
通常は、磁気が誘導される物質を磁性体といい、磁石を遠ざけても、その物質が磁石の性質を強く残しているものを、強磁性体と呼びます。
N
S
N S N S
N S N S
強磁性体（磁性体）
たとえば どのような物質が 強磁性体 なんですか？
まず 鉄だろうな
それと ニッケルなんかも そうじゃねーの？
そうだな
Co
Fe
Mn
Ni
鉄やニッケル コバルト マンガンなどが 代表的な 強磁性体の 物質だよ

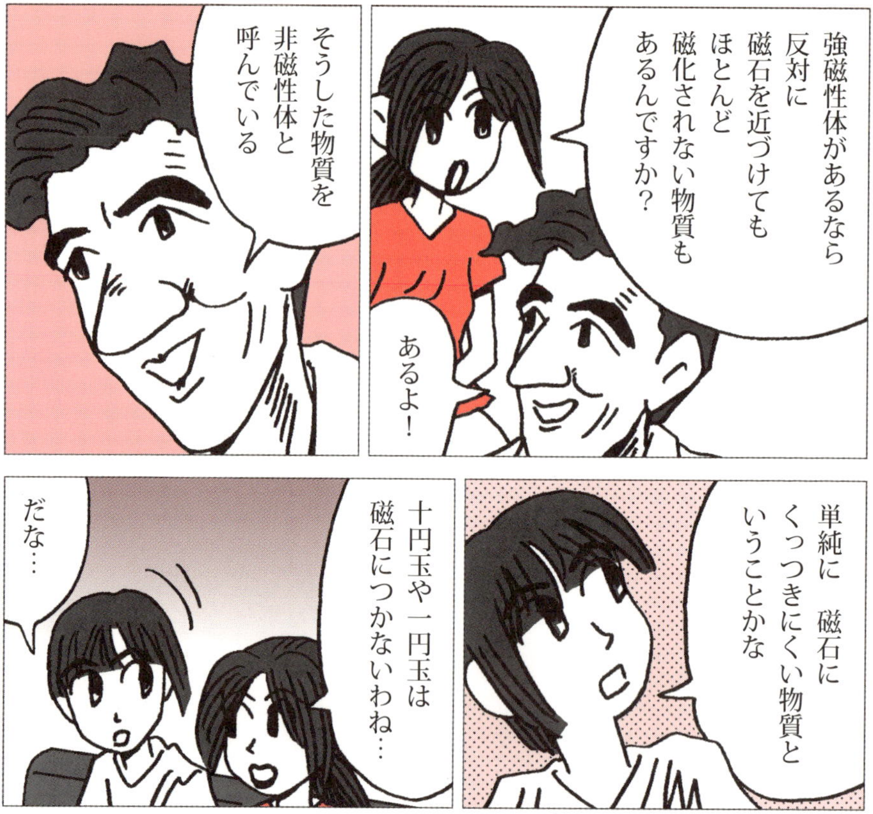
強磁性体があるなら
反対に
磁石を近づけても
ほとんど
磁化されない物質も
あるんですか？
あるよ！
そうした物質を
非磁性体と
呼んでいる
単純に　磁石に
くっつきにくい物質と
いうことかな
十円玉や一円玉は
磁石につかないわね…
だな…

つまり
銅やアルミニウムは
非磁性体と
いうことだ
Cu
Al

非磁性体は、さらに常磁性体と反磁性体に分類できます。常磁性体は、強磁性体と同じように、磁石を近づけると吸引力が働きますが、その力はごくわずかです。アルミニウム・白金（プラチナ）・錫（すず）などがそうです。また、反磁性体は磁石を近づけると反発力が働きますが、その力はごくわずかです。反磁性体には、銅・亜鉛などがあります。

先生 磁石の近くには磁界ができて磁界の影響を受けることになりますよね
(磁界)
(磁界)
N
S
(磁界)
(磁界)
でも 磁界の影響を受けないようにすることってできるんですか?
ほー なかなか良い質問だね 美咲さん
物事を そのように相対的に考えるということは大事なことですよ
事象を一面からだけしか見ないと大事なことを見忘れたりするものです
学者さんの言うことってよくわかんないけどなんだかほめられたみたい…

ある場所において外部磁界からの影響を受けないようにすることを磁気遮へいという！
……
磁界の影響を受けないのは銅やアルミなどの非磁性体だって言ってたけど…
てことは非磁性体の物質を使うということですか？
いや　そうではなく逆に　鉄などの強磁性体を使うんだよ
え？
どういうこと？
つまり強磁性体の磁束を通しやすいという性質を利用するんだ…

外部磁界
鉄
このように鉄の環状物体を磁界の中に置くと外部磁界による磁束の大部分は鉄の中を通ることになる
《磁気遮へい》
鉄の環状物体って何ですか？
鉄の輪とか鉄製のパイプのようなものだよ
あれ？
この図を見ると鉄の輪の中を磁束が通っていませんけど…？
あ
ほんとだ…？

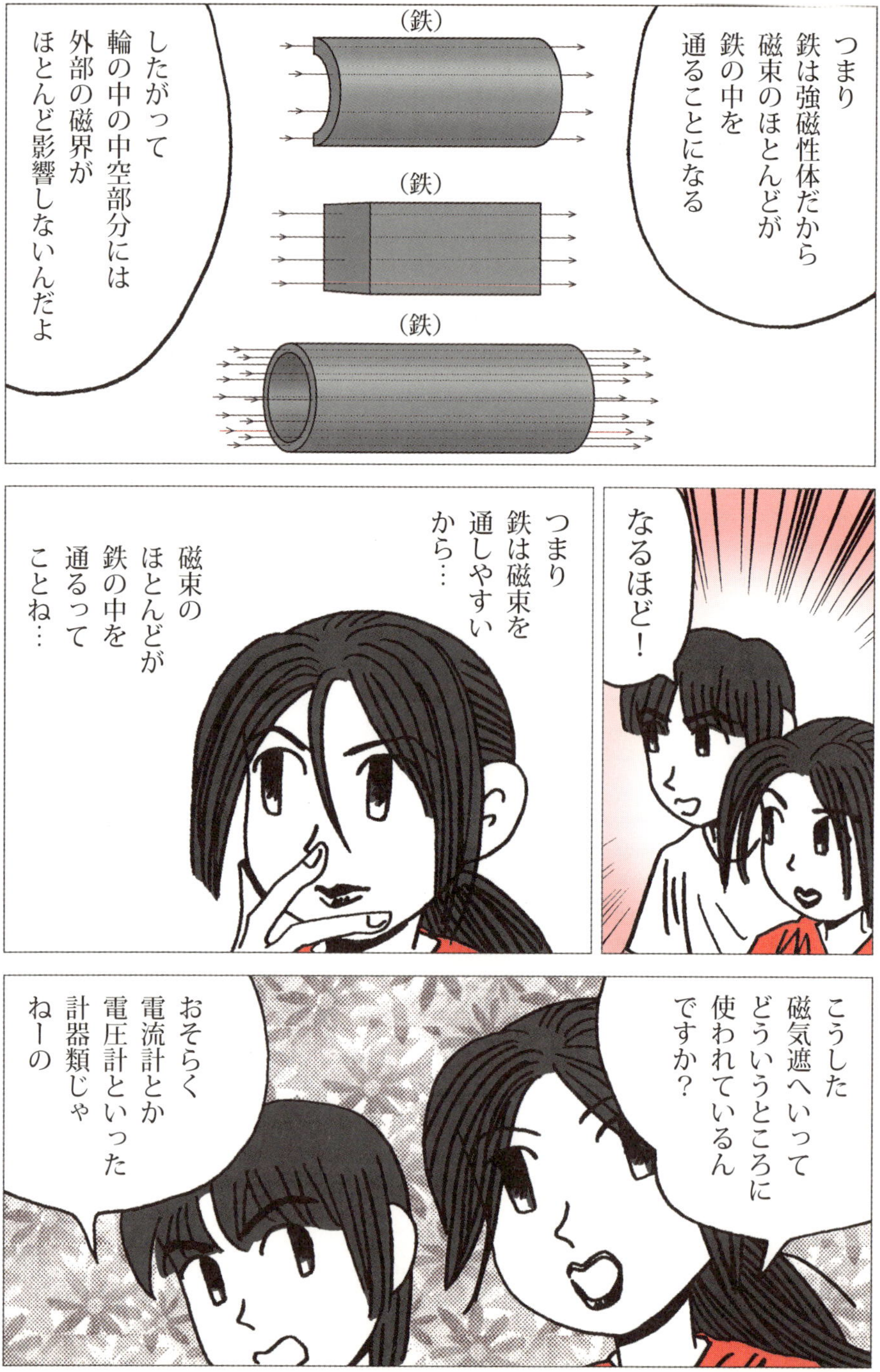
つまり鉄は強磁性体だから磁束のほとんどが鉄の中を通ることになる
（鉄）
（鉄）
（鉄）
したがって輪の中の中空部分には外部の磁界がほとんど影響しないんだよ
なるほど！
つまり鉄は磁束を通しやすいから…
磁束のほとんどが鉄の中を通るってことね…
こうした磁気遮へいってどういうところに使われているんですか？
おそらく電流計とか電圧計といった計器類じゃねーの

81
(1) 磁気誘導と磁性体

どうしてですか?
針が安定しないや…
困ったなあ～
だって 計測値に磁気の影響があったら正しい数値が出ないだろ…

大地の言う通りだ
それに高級腕時計のような精密機械にも使われているんだよ
磁気遮へいを磁気シールドともいいます。

P チェックポイント

- 磁石に鉄片を近づけると、鉄片が磁化されて、S極に近いほうにN極、遠いほうにS極が現れます。このように、磁石によって磁化される現象を磁気誘導といいます。
- 磁気が誘導される物質を磁性体といいます。
- ある場所において、外部磁界からの影響を受けないようにすることを、磁気遮へいといいます。

(2) 磁気に関するクーロンの法則

鉄粉
N
S
紙の上に鉄粉を置き紙の下に磁石を置きます

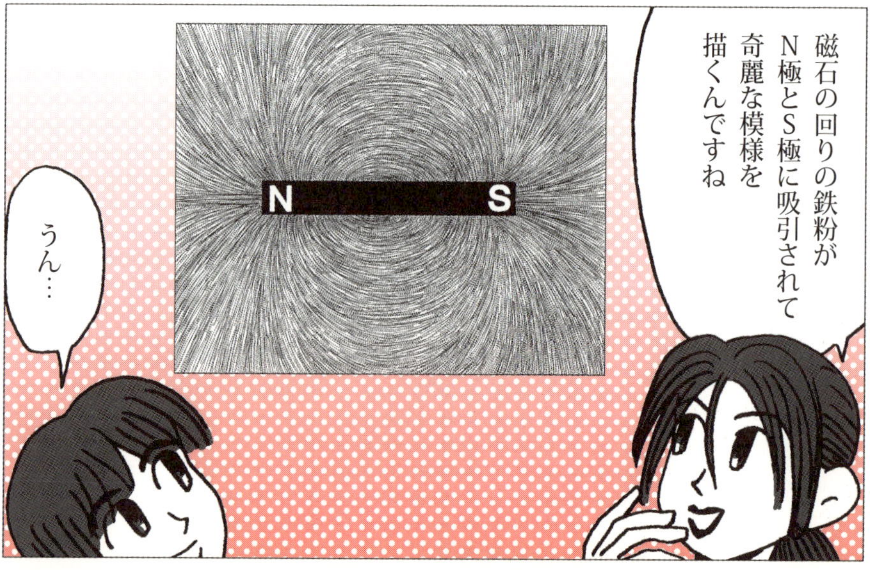
磁石の回りの鉄粉がN極とS極に吸引されて奇麗な模様を描くんですね
N
S
うん…

今度は別の磁石でやってみるよ
さあどうかな…
あら さっきより鉄粉の動きが少ないですね…
ほんとだ…
どうしてだと思う?
たぶん 磁石の力が前の方が強かったんだと思います
そうだね! ということは 磁極には強弱があるということが分かるよね
はい!
こないだも聞いたじゃん…

磁極の強弱を表すのに
磁極の強さ
ということばを
用いるんだったね
思い出したかな?
磁極の強さ…
え~と…
あ!
思い出しました!
で
磁極の単位は
何だったかな?
単位…?
な
なんでしたっけ?
あれあれ…
ウェーバー〔Wb〕
だろ!
イラッ
そうそう
それよぉ!
ウェーバー
やれ
やれ…

85
(2) 磁気に関するクーロンの法則

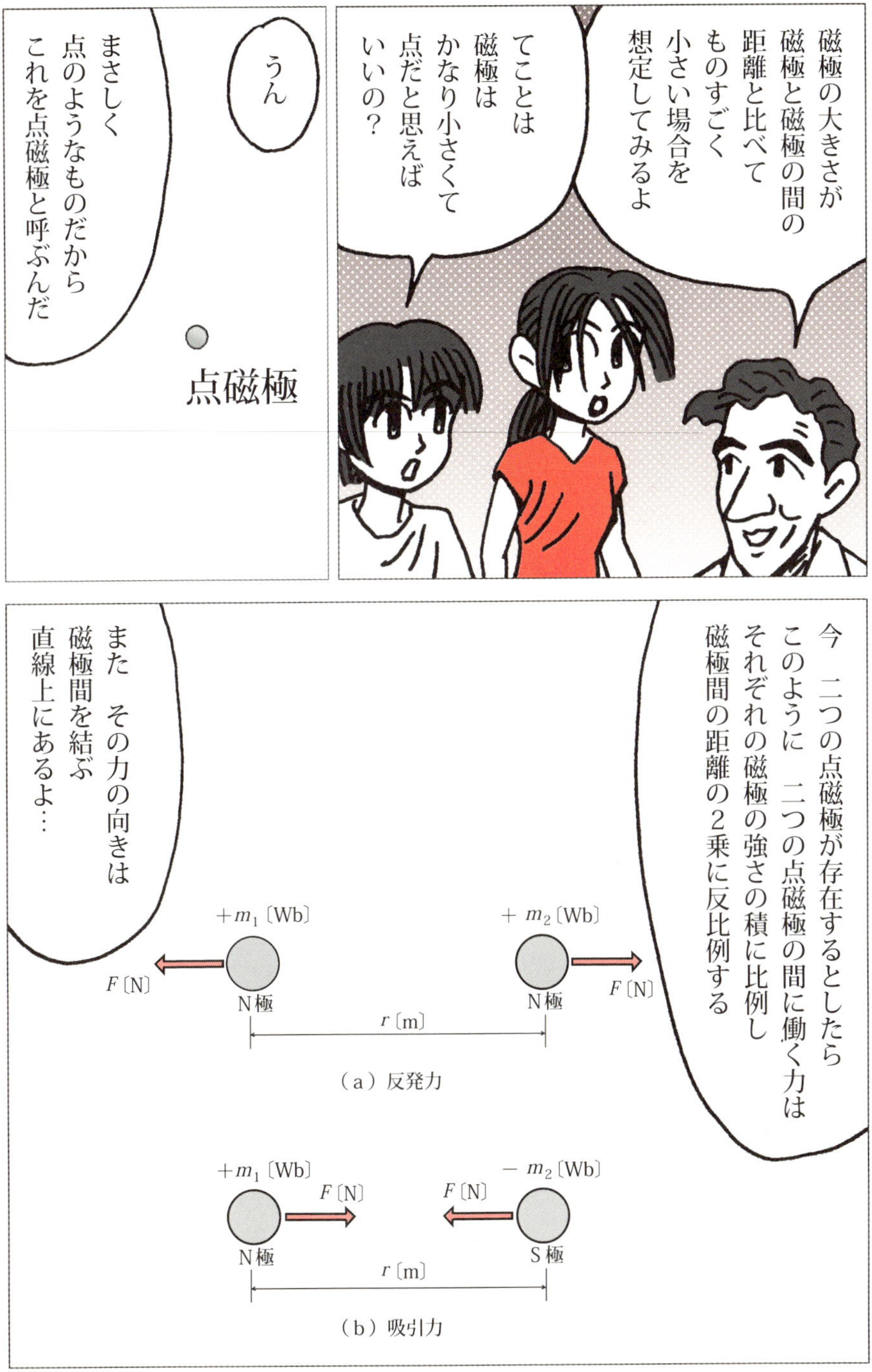

磁極の大きさが磁極と磁極の間の距離と比べてものすごく小さい場合を想定してみるよ
てことは磁極はかなり小さくて点だと思えばいいの？
うん
まさしく点のようなものだからこれを点磁極と呼ぶんだ
点磁極
今　二つの点磁極が存在するとしたらこのように　二つの点磁極の間に働く力はそれぞれの磁極の強さの積に比例し磁極間の距離の2乗に反比例する
また　その力の向きは磁極間を結ぶ直線上にあるよ…
$+m_1$〔Wb〕
$+\ m_2$〔Wb〕
F〔N〕
N極
N極
F〔N〕
r〔m〕
（a）反発力
$+m_1$〔Wb〕
$-\ m_2$〔Wb〕
F〔N〕
F〔N〕
N極
S極
r〔m〕
（b）吸引力

この関係を…
磁気に関するクーロンの法則というんだよ！
磁気に関する…
クーロンの法則！

87
（2）磁気に関するクーロンの法則

磁気に関するクーロンの法則に従って、
磁極間に働く力 F〔N〕は、次の式で表されます

$$F = k\frac{m_1 m_2}{r^2}\text{〔N〕}$$

ただし、m_1とm_2は磁極の強さ、rは磁極間の距離です。
また、kは、磁極が置かれた空間の物質（媒質）の種類によって決まる比例定数です。

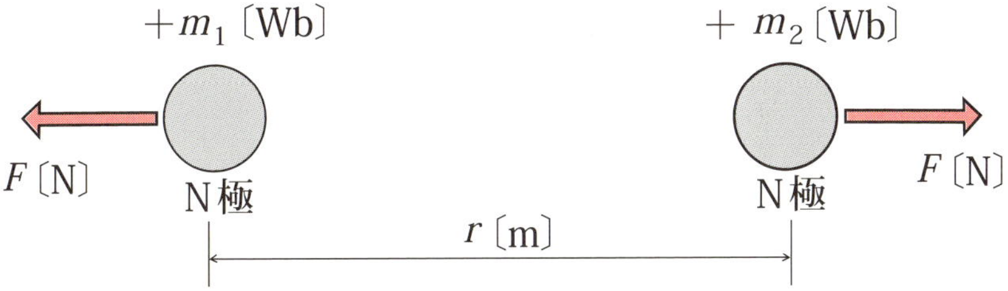

（a）反発力

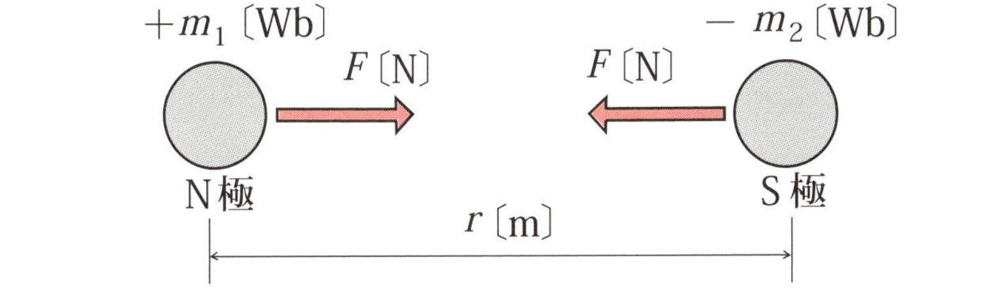

（b）吸引力

P チェックポイント

・二つの点磁極の間に働く力は、それぞれの磁極の強さの積に比例し、磁極間の距離の２乗に反比例します。また、その力の向きは、磁極間を結ぶ直線上にあります。

(3) 磁界の強さ

磁気的な力が働く空間を磁界と呼ぶわけだがちょっとこの図を見てごらん
（磁界）
1Wb
F
磁界の中に1〔Wb〕の正の点磁極を置いた図があるよね
はい
うん…
この点磁極に働く力の大きさは磁界の大きさにより定められ同様にその力の働く方向は磁界の向きと定められている
つまり 磁界は大きさと方向をもった量で表されるってこと？
そういうこと！

▶89◀
（3）磁界の強さ

磁界の大きさの単位には
〔A/m〕（アンペア毎メートル）が
用いられます。
ちなみに、1〔A/m〕とは
1〔Wb〕の磁極に1〔N〕の力が
働く磁界の強さです。
これを磁界の強さという！

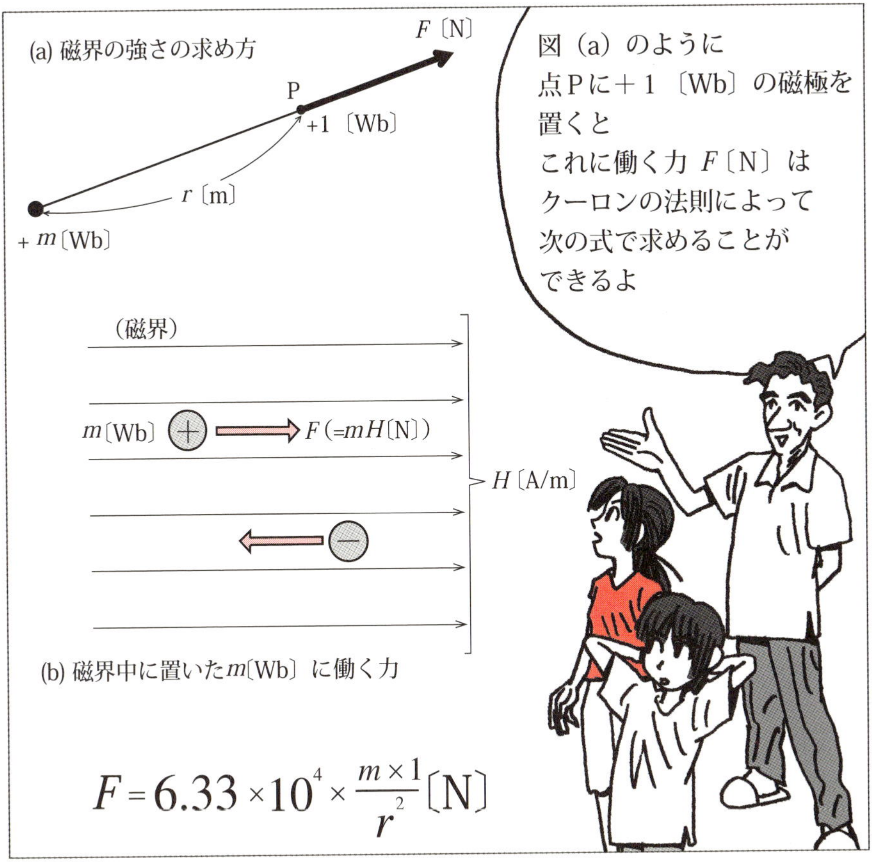

(a) 磁界の強さの求め方
F〔N〕
P
+1〔Wb〕
r〔m〕
+ m〔Wb〕
図（a）のように
点Pに＋1〔Wb〕の磁極を
置くと
これに働く力 F〔N〕は
クーロンの法則によって
次の式で求めることが
できるよ
（磁界）
m〔Wb〕
F（$=mH$〔N〕）
H〔A/m〕
(b) 磁界中に置いたm〔Wb〕に働く力
$$F = 6.33 \times 10^4 \times \frac{m \times 1}{r^2}〔N〕$$

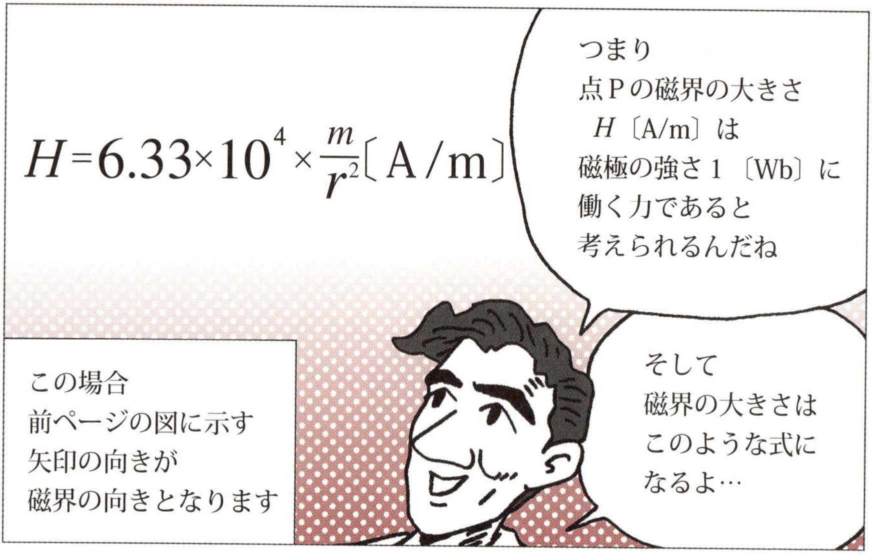
この場合
前ページの図に示す
矢印の向きが
磁界の向きとなります
そして
磁界の大きさは
このような式に
なるよ…
$H=6.33\times10^4\times\frac{m}{r^2}$〔A/m〕
つまり
点Pの磁界の大きさ
H〔A/m〕は
磁極の強さ1〔Wb〕に
働く力であると
考えられるんだね

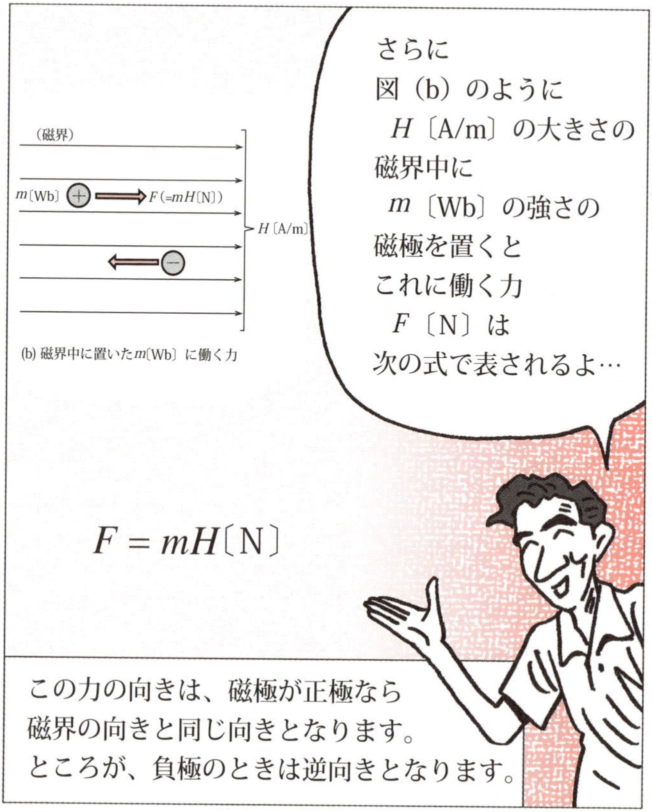
さらに
図（b）のように
H〔A/m〕の大きさの
磁界中に
m〔Wb〕の強さの
磁極を置くと
これに働く力
F〔N〕は
次の式で表されるよ…
（磁界）
m〔Wb〕
F（=mH〔N〕）
H〔A/m〕
(b) 磁界中に置いたm〔Wb〕に働く力
$F=mH$〔N〕
この力の向きは、磁極が正極なら
磁界の向きと同じ向きとなります。
ところが、負極のときは逆向きとなります。

P チェックポイント

・磁界は、大きさと方向をもった量で表すことができ、これ磁界の強さといいます。

・磁界中の磁極に働く力の向きは、磁極が正極のときは、磁界の向きと同じ向きになり、負極のときは逆向きになります。

（4）磁力線
鉄粉
紙
この状態で紙を軽くたたくと…
N
S
トントントントン
さあもう一度この鉄粉の動きを見てごらん
N
S
この鉄粉の配列が磁力線の形状と同じなんだよ
磁気誘導によって鉄粉がそれぞれ磁石になり、磁界の方向に磁起力を受けて、静止しようとして線状に連なっています。

つまり磁気誘導によって鉄粉の一粒一粒が磁極Nと磁極Sをもつ磁石になっているわけですね
磁力線
N
S
磁力線の向き
方位磁石
そう
磁石となった鉄片が磁力線に沿って連なっているわけだね
磁力線はどこから出ているんですか？
N極から出てS極に向かっているよ

【磁力線の性質】
① 磁力線は、N極から出てS極に入ります。
② 磁力線は、引っ張ったゴムひものように、それ自身は縮もうとしながらも、同じ向きに通っている磁力線どうしは互いに反発します。
③ ある点での磁力線の方向は、その点の磁界の向きを表します。
④ ある点での磁力線の密度は、その点の磁界の大きさを表します。
⑤ 磁力線は途中で分岐したり、他の磁力線と交わることはありません。
親父 磁力線て交わることはないの？
それはないよ

P チェックポイント

・紙の上に鉄粉を置き、その紙の下に磁石を当てると、鉄粉の配列は磁力線の形状と同じになります。

・それは、磁気誘導によって一粒一粒の鉄粉が磁石となり、磁界の方向に磁気を受け、静止しようとしているからです。

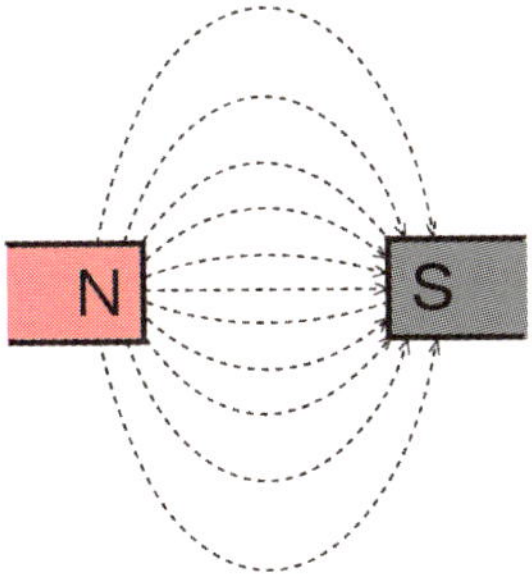
N
S

磁力線はN極から出てS極に入ります。

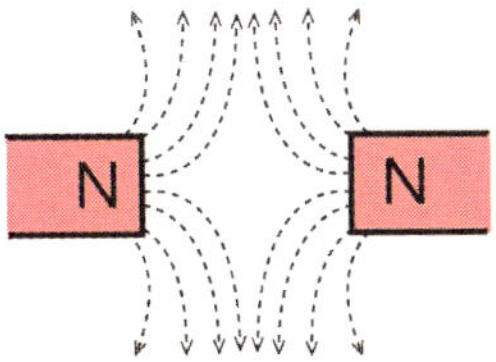
N
N

互いに反発しあいます。

磁力線は交わることはありません。

(5)地球の磁界
磁石って方位を知る道具でもありますよね
N
N
でもどうして磁石で南北がわかるんですか?
う～んこれも良い質問だねぇ
見てごらん…

(5) 地球の磁界

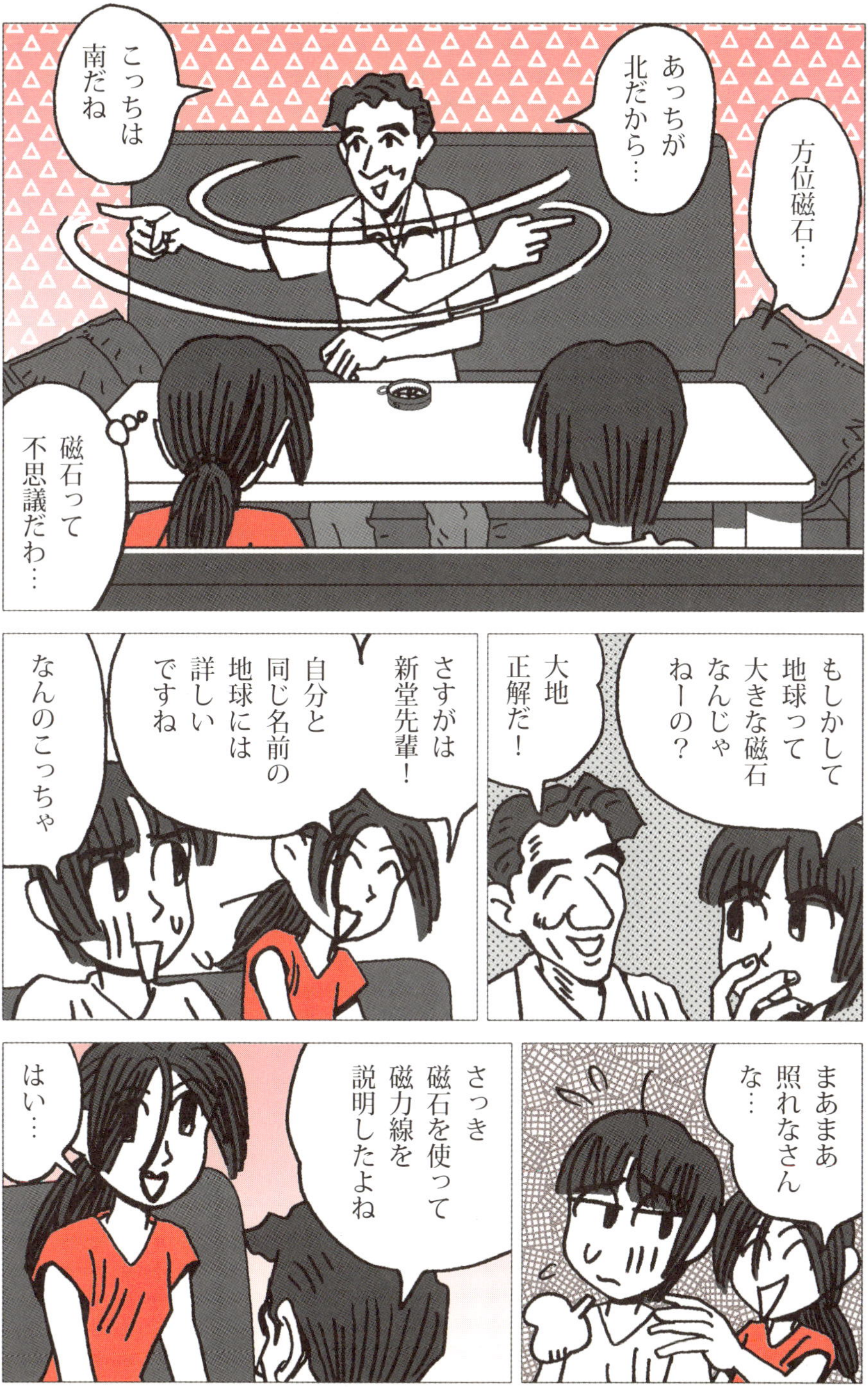
方位磁石…
あっちが北だから…
こっちは南だね
磁石って不思議だわ…
もしかして地球って大きな磁石なんじゃねーの?
大地正解だ!
さすがは新堂先輩!
自分と同じ名前の地球には詳しいですね
なんのこっちゃ
まあまあ照れなさんな…
さっき磁石を使って磁力線を説明したよね
はい…

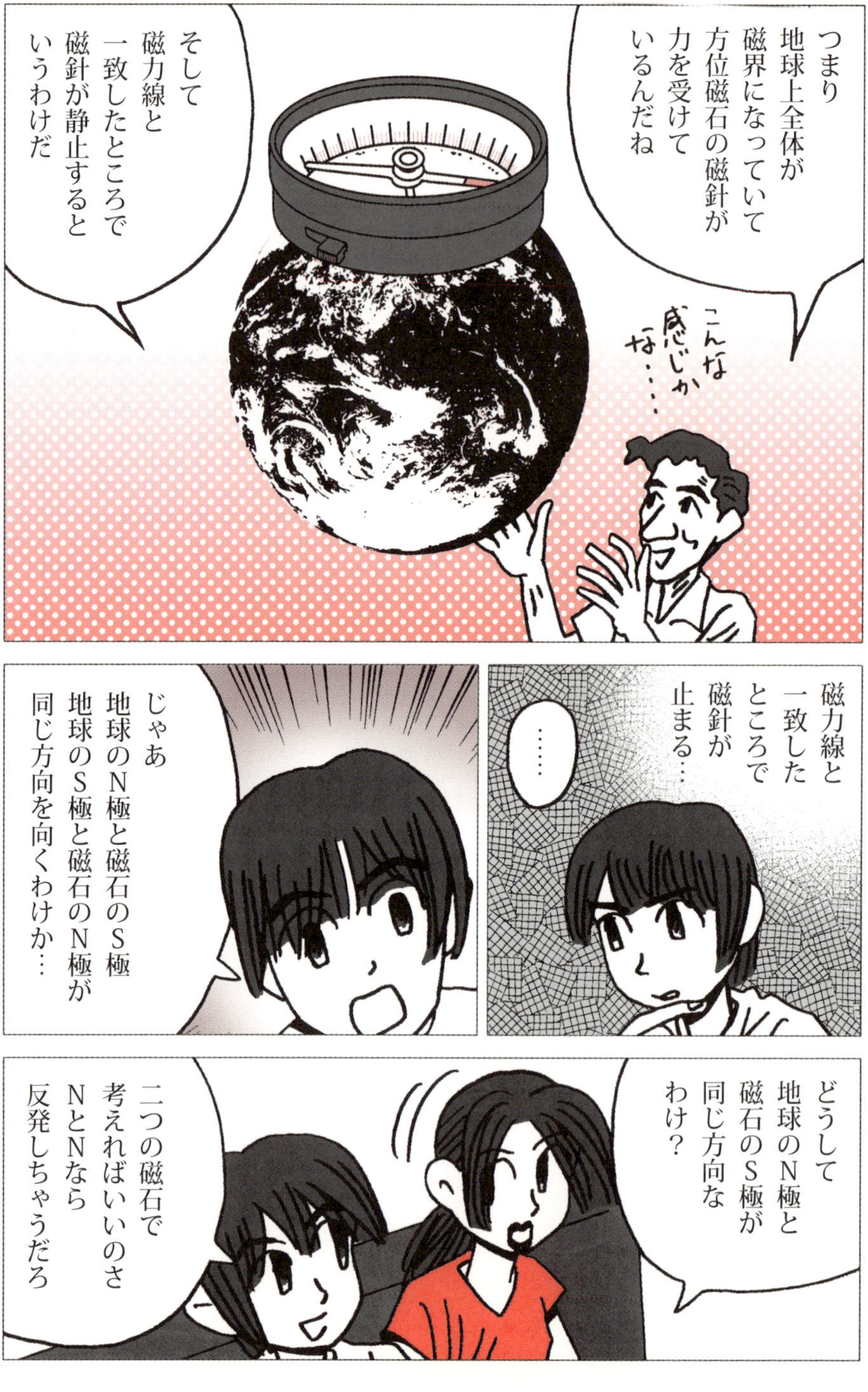
つまり地球上全体が磁界になっていて方位磁石の磁針が力を受けているんだね
こんな感じかな・・・・
そして磁力線と一致したところで磁針が静止するというわけだ
磁力線と一致したところで磁針が止まる…
……
じゃあ地球のN極と磁石のS極地球のS極と磁石のN極が同じ方向を向くわけか…
どうして地球のN極と磁石のS極が同じ方向なわけ？
二つの磁石で考えればいいのさNとNなら反発しちゃうだろ

あ！なるほど！
てことは地球の南極付近がN極で北極付近がS極ってことになるね！逆じゃん！
そうだよな
そういうこと！
でもちょっと待ってください
地球って傾いているでしょ
地球儀なんか見ても斜めに傾いているもん…

ということは地球の北極は地球の真北じゃないってことじゃないかしら…
ひらめいちゃったの。
いや〜美咲さんだんだん調子が出てきたね
まさにその通り！
よし！よし！
それで？
でね…
でどうなるのかしら？
ズルッ
あらら〜

たしかに磁針のN極の指す方向と地理学上の北とは一致しないよね
このずれた角を方位角あるいは偏角と言うんだよ
方位角（偏角）
それとこの方位磁石の磁針をよく見てごらん…
なにか気が付いたかな？
あれ？
今まで気付かなかったけどN側がやや下がっていて水平じゃないね

ほんとだ！
磁針は水平だとばかり思ってたけどよく見ると水平じゃないわ！
だろ！
親父どういうことなんだよ？
先生！
この角は地球磁気の伏角なんだ
伏角
こうした伏角が生じる原因は磁界の強さH〔A/m〕の磁界によって磁力線が地球表面からある角をなして出るかあるいは入っているからだと考えられているよ

そして　このとき
Hの水平面に対する
分力 h = H cos θ の
磁界の強さを
地球磁気による磁界の強さの
水平分力という
ふ〜ん…

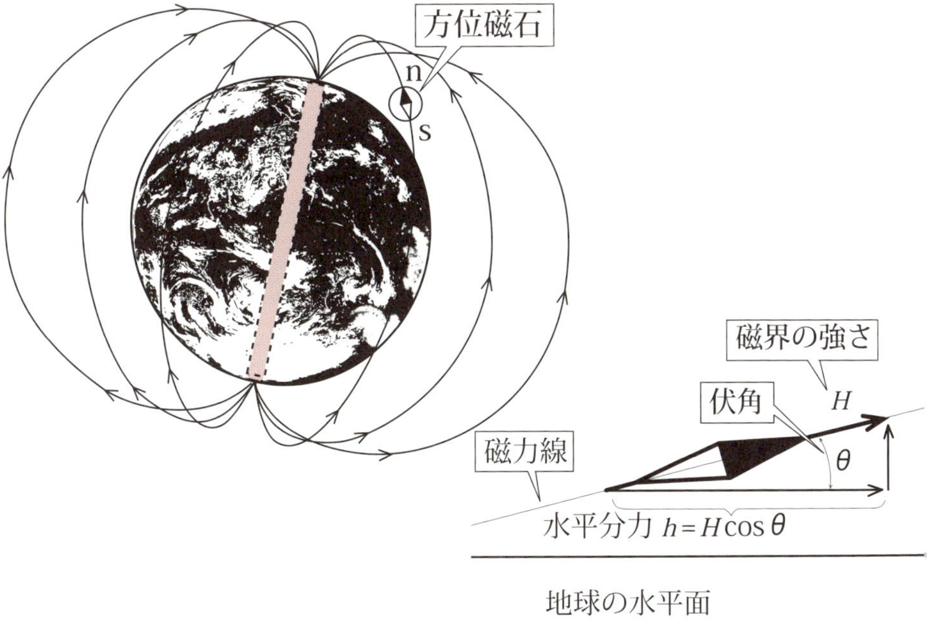
方位磁石
n
s
磁界の強さ
H
伏角
θ
磁力線
水平分力 h = H cos θ
地球の水平面

このような方位角（伏角）水平分力は、
ある地点における地球磁気を決める重要な要素です。
そして、これらを地磁気の三要素といいます。

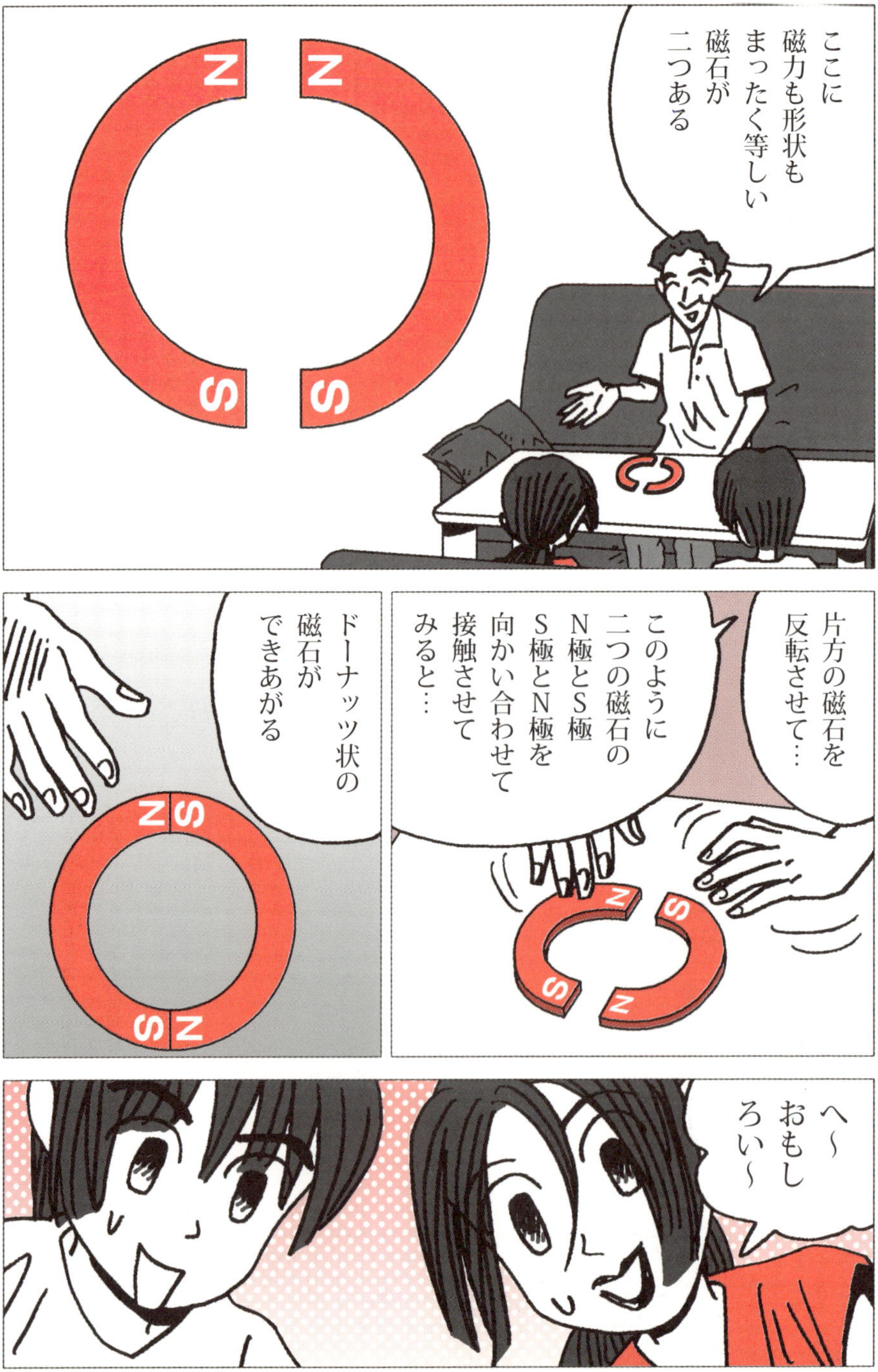
ここに磁力も形状もまったく等しい磁石が二つある
片方の磁石を反転させて…
このように二つの磁石のN極とS極S極とN極を向かい合わせて接触させてみると…
ドーナッツ状の磁石ができあがる
へ〜おもしろい〜

▸103◂
(6) 磁束密度

美咲さん
この釘を近づけてごらん…
はい
この釘どんなくっつき方をするのかしら…?
わくわく
…?
く釘がくっつかない…?
え～
どうなってんの?
親父～

向かい合ったN　Sの磁極が互いに打ち消し合ってまったく磁極がなくなった状態なんだ
ははは
おもしろいだろ〜
だから釘がくっつかないんだよ
N
S
S
N
これじゃあ二つの磁石が単なる鉄みたいじゃん…
磁石を引き離して釘を近づけてごらん
はい…

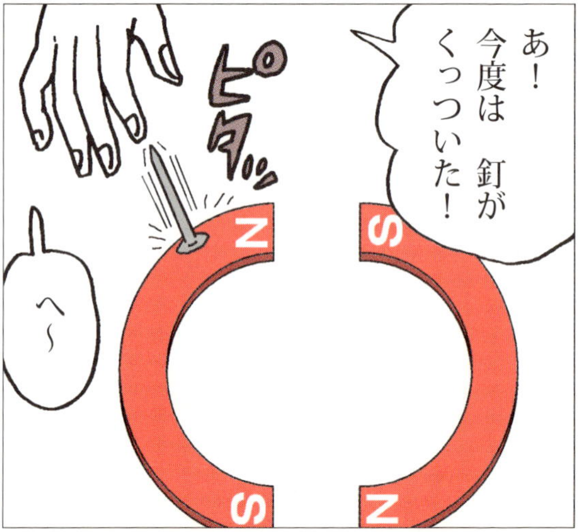
あ！今度は　釘がくっついた！
ピタッ
へ〜
N
S
S
N

チェックポイント

・地球上全体が磁界なので、方位磁石の磁針が力を受けて、磁力線と一致したところで磁針が静止します。

・方位角、伏角、水平分力は、ある地点における地球磁気を決める重要な要素で、地磁気の三要素と呼ばれています。

(6)磁束密度
同じ強さの磁極でも磁力線は周囲の媒質によって変わる
そこで同じ強さの磁極からは同じ数の磁気的な線が出るものと仮定しこれを磁束と呼ぶ！
磁束…
ようするにいくつかの磁力線をまとめたのが磁束なんだろ？
簡単じゃん！
ほっほーさすがは電気科二年生よりか知ってるわいふむふむ…
こいつ漫研だから変わってるのか変わってるから漫研なのか…どっちにしろ間違いなく変わってる…

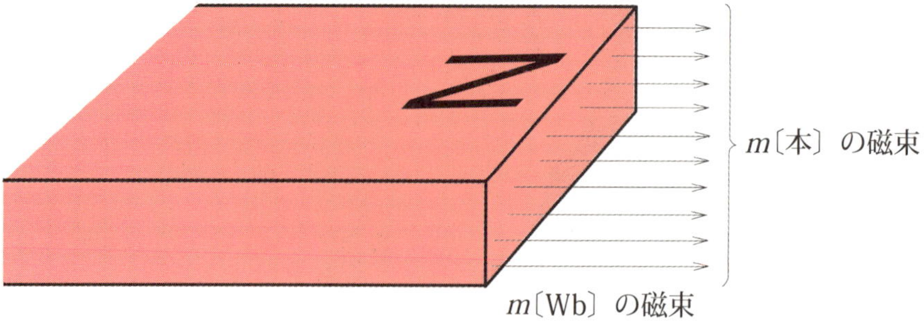
N
m〔本〕の磁束
m〔Wb〕の磁束

1〔Wb〕の磁極から一本の磁束が出るとすると、その単位には磁極の単位と同じ〔Wb〕が用いられます。
図では、m〔Wb〕の磁極から m〔本〕の磁束が出ていることになります。

磁束が磁力線の束なら磁極近くでは密集しているよな
ほほー
だけど磁極から離れるにしたがってまばらになるんじゃねーの…
その通り
そしてこうした磁束の疎密の割合を磁束密度と呼んでいるんだ
磁束密度

（6）磁束密度

磁束密度の単位は単面積あたりの磁束で表し、〔T〕（テスラ）が用いられます。

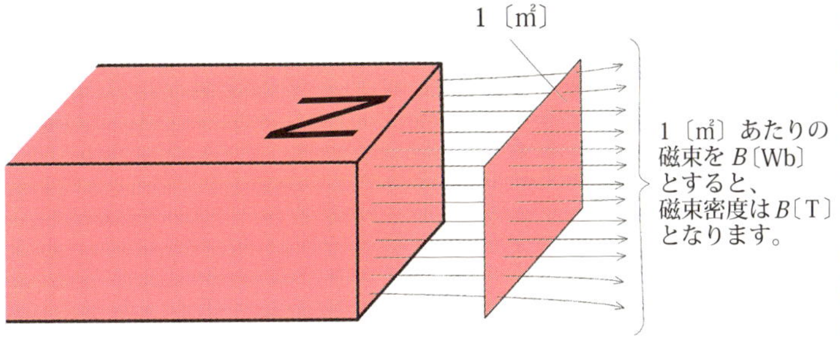

1〔m²〕
N
1〔m²〕あたりの磁束を B〔Wb〕とすると、磁束密度は B〔T〕となります。

図のように、磁界の向きと垂直な1〔m²〕の平面をとり、その中を通る磁束数が B〔Wb〕であるなら、その点の磁束密度は、

$$\text{磁束密度} = \frac{B\,\text{〔Wb〕}}{1\,\text{〔m}^2\text{〕}}$$

すなわち、B〔T〕となります。A〔m²〕に垂直に Φ〔Wb〕の磁束がある場合の磁束密度 B〔T〕は、次の式で表します。

$$B = \frac{\Phi}{A}\,\text{〔T〕}$$

なんか良い匂いがしますね～
そういや腹へってきたな～
美咲ちゃんお昼ご飯食べていってねシチューを作ったの
わぁシチュー大好きでシチュウ～
ひっでぇシャレ…

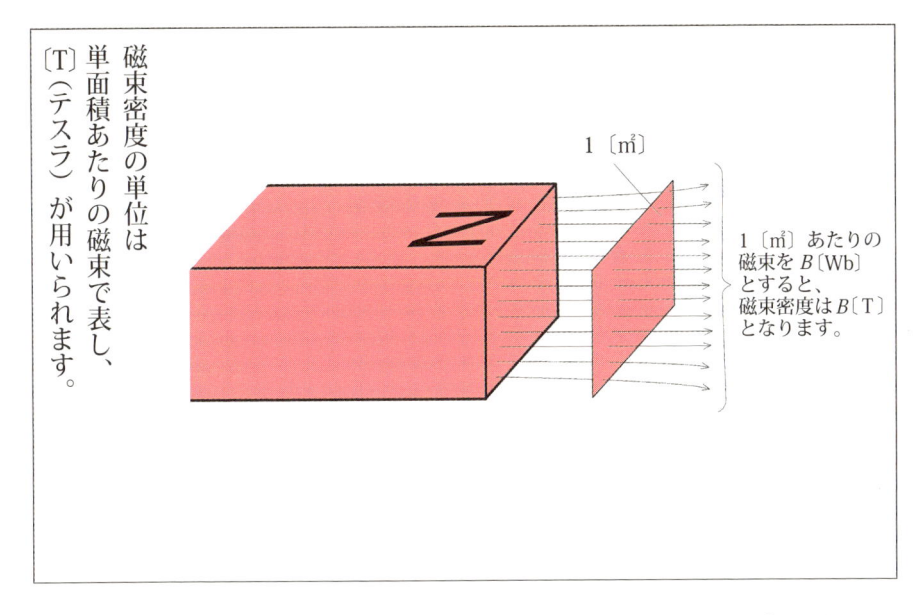

やい
新堂！
昨日
おまえん家で
美咲ちゃんと
一緒に
お昼ご飯
食べたんだって！
こいつ
やっぱり
しゃべって
やんの…
……
お前なあ
一緒に
勉強するのは
許可するよ
しかし
一緒に
メシ食うのは
止めろ！
なんで
おまえの許可が
必要なんだよぉ
いーや！
おれら
全員の
意見でも
ある！
この悪魔！
ガタッ

109
(6) 磁束密度

だったら
こいつに
おれん家で
メシ食うなって
言えよ！
そか
それも
そーだ
美咲ちゃん
もうこの悪魔の家で
ご飯食べないでね

うん
わかった
これで
安心だ
安心
安心
ほっ

おまえら
美咲のこと
分かって
ねーな
こいつ
口で言うのと
やることが
違うんだから…
安心
安心
安心

P チェックポイント

- 同じ強さの磁極からは、同じ数の磁気的な線が出るものと仮定し、これを磁束と呼びます。
- 磁束は磁力線の束です。
- 磁束の疎密の割合を磁束密度といいます。

第三章　電流の磁気作用

（1）電流と磁界

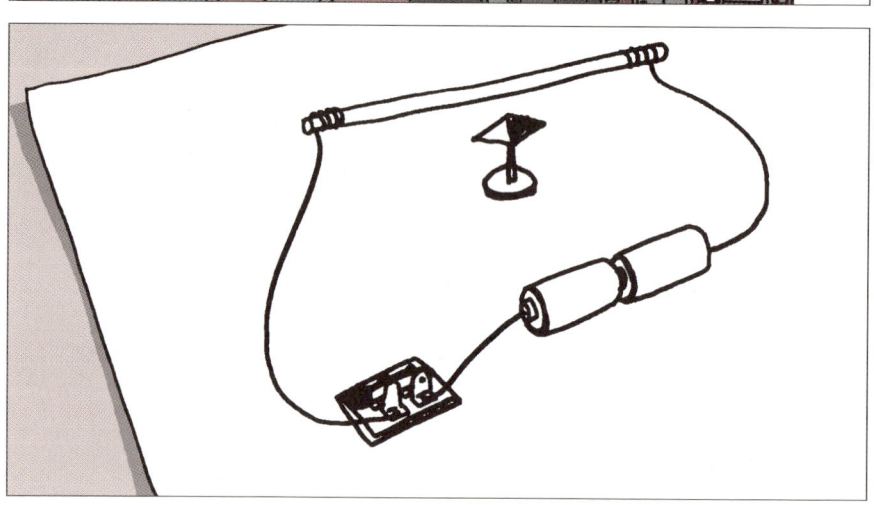

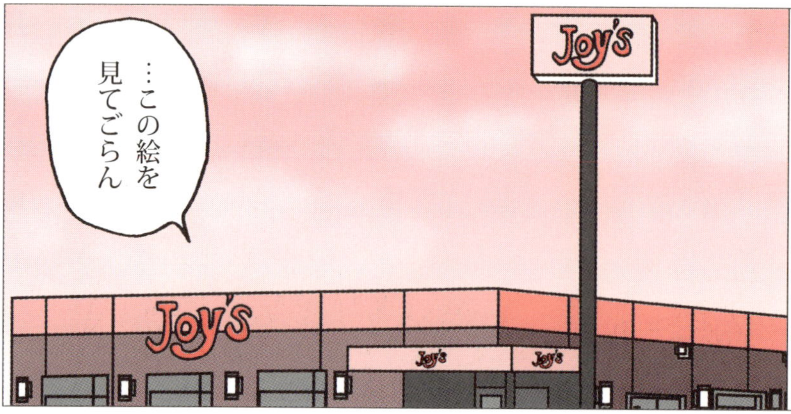
Joy's
…この絵を見てごらん

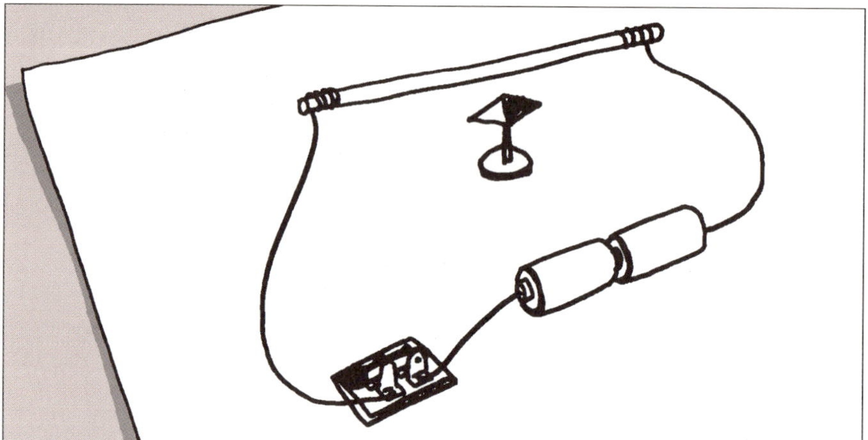

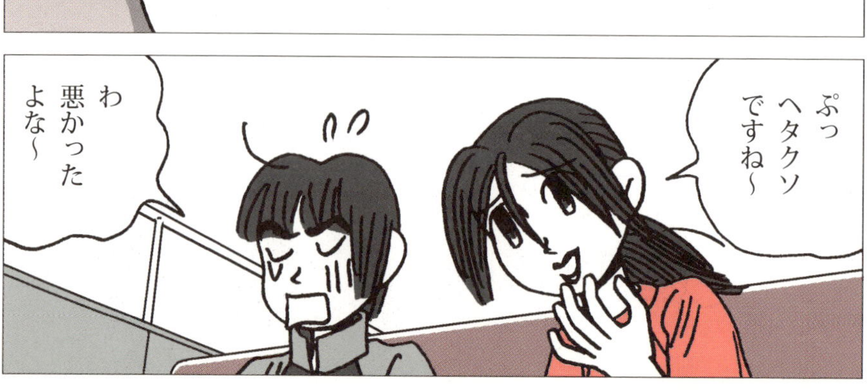
ぷっヘタクソですね〜
わ悪かったよな〜

111
(1) 電流と磁界

あれ～ 大地先輩が 描いたん ですか？
説明しやすいように 大地に 描いて もらったんだが…
ははは…
まさか 先輩 タダでってことは ないっしょ？
で いくらで 描いたのさ？
千円の図書 カード３枚…
ほっほー この絵で ３千円てのは高くない？ 千円ちょうだいよ
ば～か
この図には 南北の方向に 直線状の導体を 設置し 導体の下に 方位磁石を 設置して あるよね
わかる かな？

さあ〜 絵がヘタクソで よくわかんないけど なんとなく そう見えます
くぉ のぉ〜
ははは まぁ それらしく 見えたら 良しと しましょう…
ぷっ
で 導体に 電流を流すと 方位磁石の針は 力を受けて 導体と直角の方向に 移動して止まるよ… さあ どうしてだと 思う？
たぶん 電流を流すと 磁界が できるからじゃ ないですか！

113
(1) 電流と磁界

な　なんで　わかんだよ?
だって　磁界ができたから　方位磁石が　動いたんでしょ
簡単だと　思うけど…
なるほど　言われてみれば　簡単だね
磁界があるから　磁石の針が動く　か…
うん　至極当然な　論理だな…
そっか…
……
だけど　こいつの　頭の中では　電流という言葉は　意味ないんか…?
では　電流の向きを　反対方向に　変えたら　磁針は　どうなる　かな?
美咲ちゃん?
電流の向きを変えたら　方位磁石の方向も　前と反対に動くんじゃ　ないですか　たぶん

そういうこと
よくわかったね
イエイ！
てゆーか
電流の向きが逆なら
方位磁石の針も
逆向きに動くって
単にあてずっぽうで
言ったんじゃねーの？

さすがは
先輩
図星だわ！
やっぱり…
ははは
まあいいで
しょう
正解なんだ
から

このように、電流が流れると
その周囲に磁界が発生し、磁気作用を及ぼします。
この現象は、１８２０年に、
デンマークのエルステッドによって発見されました。

▸115◂

(1) 電流と磁界

このように厚い紙に穴を開けその穴に直線導体を通すよ…
I〔A〕
導体
鉄粉
+
−
さらに紙の上に鉄粉を散布し導体の上から下の方向に電流を流したとしよう
するとこの鉄粉はどうなるかな？
まず電流を流すわけだから磁界が発生しますよね
う〜ん
当然 鉄粉は磁力線の方向に模様を描くと思います
はーい
うん それでどんな模様かな？
どんな模様…？

う〜ん
たぶん円を描くんじゃないかなぁ…
そう円を描くんだ！
今のあてずっぽうでしょ？
えへへ
ままあな…
でも結構感って当たるのよね…
ふふ…
しかし大地の答えは半分だけしか正解ではない
なんで？

117
(1) 電流と磁界

たしかに円を描くが円はひとつではないからだ
円がひとつじゃない？
…
てことは円がいっぱいあるんだ…
鉄粉はこのように直線導体を中心とした連続する多数の同心円の配列となる
I〔A〕
方位磁石
n
s
磁力線
導体
へー

しかも磁力線には方向があって厚紙の上に方位磁石を置くと磁力線の方向がわかる
つまりこの状態だと磁力線は時計方向に生じていることになるよ
いいかい
このねじをよく見てごらん
…？
先輩どうかしたんですか？
このねじ山ら旋状になっているけど時計回りになっているよな…

な〜んだ そんなことで 驚いたん ですかぁ
くだらないこと 気にすんだ からあ〜
もぉ〜 先輩ったらぁ〜
いいかい 美咲ちゃん
磁力線の方向が 時計回りで このねじ山も 右回りってことは 大事な意味が あるんだよ
偶然で しょーよ
はは
いやいや 偶然で ねじを渡したり しませんよ わたしは…
てこと は…?

ねじを右に回すと
ねじは　当然
ねじ先の方向に
進んでいくよね
つまり
ねじの進む方向は
導体に流れる
電流の方向と
同じってこと
じゃんか！
なるほど
それで…？
親父…
大地！
おまえは
バカでは
なかった！
ズルッ
あら

ビクッたあ〜
な なんだよ 親父 ビックリするじゃないか〜
先生〜 壊れちゃったんですか？
今おまえが言ったことは…
アンペールという人が発見した右ねじの法則というものなんだ！
ガチャン
ガチャン
右ねじの法則！

電流の向きを右ねじの進む方向にとるとねじを回す向きが磁界の向きになる！
これをアンペアの右ねじの法則という！
アンペアの右ねじの法則
じゃあ大地先輩はアンペールさんが気付いたことを今　この場でわかったってことですか？
そういうことだ
スゲ～
えへへだけど　親父がねじを見せてくれたから気が付いただけだぜ
それもそーだな　わはははは
わははは

そうですよ〜
アンペールさんと
新堂先輩が
同じレベルなんて
絶対に
ありえませんよ
ないない
ずえったい
にぃ〜
おまえは
一言多いんだ
よな〜
ところで
先生
今のお話は
導体が
直線の場合
でしょ？
このねじも
真っ直ぐ
ですし…
導体が
曲がってたり
輪をつくってたり
あるいはコイル状に
なってる場合は
どうなんですか？
だよな
親父
どうなん
だ？
おれの
右ねじの法則は
使えんのか？
おいおい
あんたの
法則じゃ
ないってば…

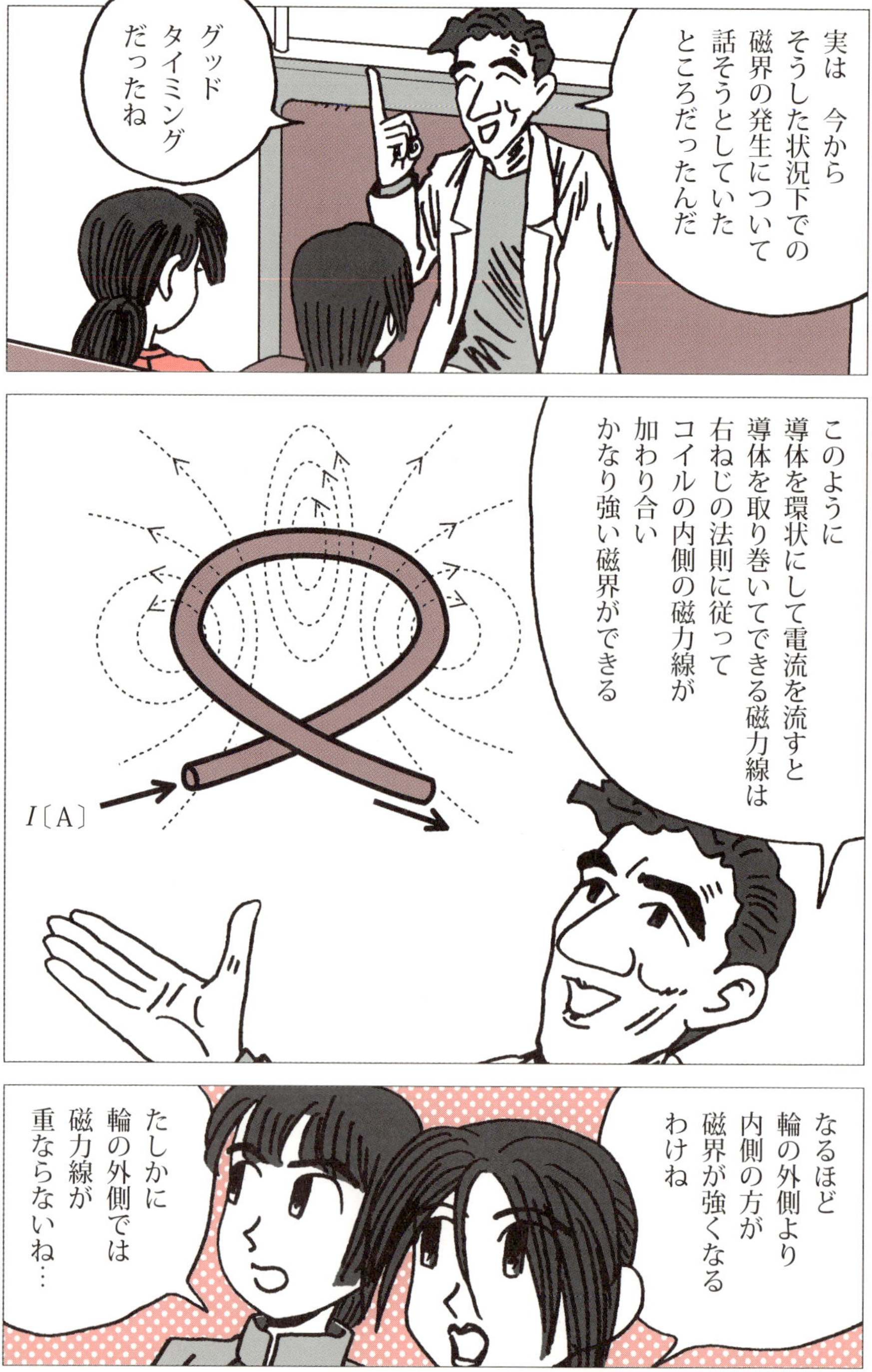
実は　今から
そうした状況下での
磁界の発生について
話そうとしていた
ところだったんだ
グッド
タイミング
だったね
このように
導体を環状にして電流を流すと
導体を取り巻いてできる磁力線は
右ねじの法則に従って
コイルの内側の磁力線が
加わり合い
かなり強い磁界ができる
I〔A〕
なるほど
輪の外側より
内側の方が
磁界が強くなる
わけね
たしかに
輪の外側では
磁力線が
重ならないね…

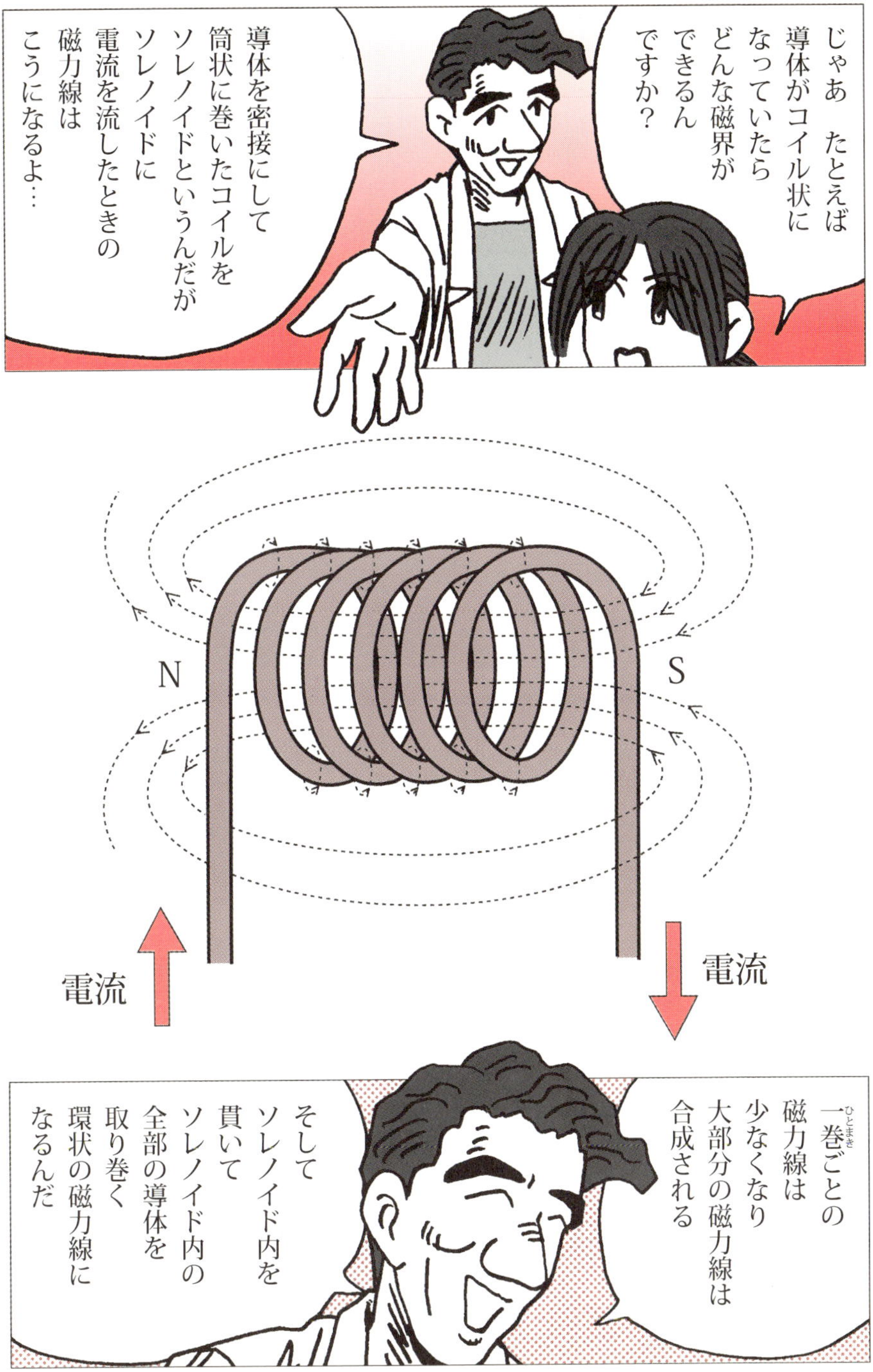
じゃあ　たとえば導体がコイル状になっていたらどんな磁界ができるんですか？
導体を密接にして筒状に巻いたコイルをソレノイドというんだがソレノイドに電流を流したときの磁力線はこうになるよ…
N
S
電流
電流
一巻《ひとまき》ごとの磁力線は少なくなり大部分の磁力線は合成される
そしてソレノイド内を貫いてソレノイド内の全部の導体を取り巻く環状の磁力線になるんだ

N
S
電流
電流
この図だとコイルの両端にＮ極とＳ極ができてるじゃん…
まるでコイルが一つの棒磁石みたい…
そうだよ
ただし棒磁石ではなく電磁石だがね！
電磁石！
このように電流によって働く磁石を電磁石というよ
通常の電磁石はコイル内に鉄心を入れる場合が多いね
…
そういえば美咲ちゃんが電磁気を勉強しようと思ったのは子供のころにお父さんと作った電磁石がきっかけだったよな…

127

(1) 電流と磁界

わたし…
大きくなったら電磁気を勉強してお父さんに大きな扇風機を作ってあげるって約束したの…

ふ～ん
いいじゃないのお父さんきっと喜ぶと思うよ
いいなぁ美咲さんのお父さんは…

大地はこのわたしに何をしてくれるのかな…？
な なんだよ親父おれに なんか期待してんのかよぉ

P チェックポイント

・電流が流れると、導体の周囲に磁界が発生し磁気作用を及ぼします。

・右ねじの進む方向に電流が流れると、ねじを回す向きが磁界の向きになります。

・ソレノイドに電流を流すと、一巻ごとの磁力線は少なくなり、大部分の磁力線は合成されます。そして、ソレノイド内を貫いて、ソレノイド内の全部の導体を取り巻く環状の磁力線になります。

(2) 磁力線の方向
…導体に電流を流したときに発生する磁力線の方向は右ねじの法則でわかる
これは理解できたね？
はい
ああ…
ほかにも右手親指の法則というのがあって
やはり右ねじの法則同様に電流の流れる方向によって磁力線の方向を知ることができるよ
右手の親指で…
スー‥
いいかい
このストローが導体だとするよ…

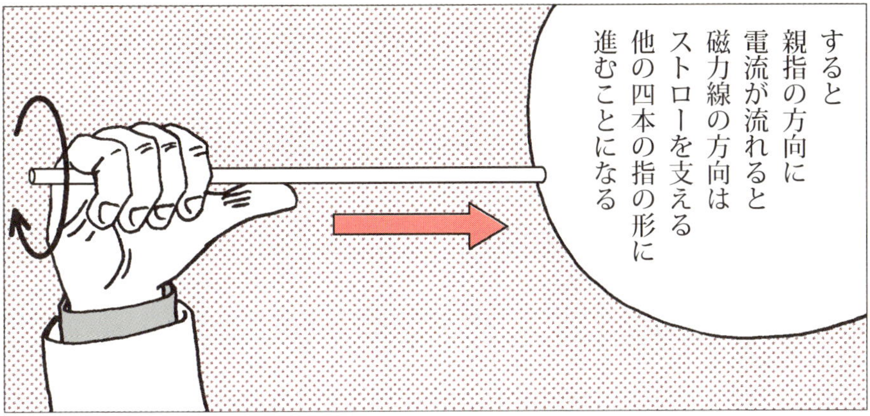
すると
親指の方向に
電流が流れると
磁力線の方向は
ストローを支える
他の四本の指の形に
進むことになる

《右手親指の法則（直流電流の場合）》
ほんとだわ！
右ねじのように
電流の方向と
磁力線の方向が
わかる！
磁力線の方向
電流の方向
コイルについても
同じように
対応できるよ…

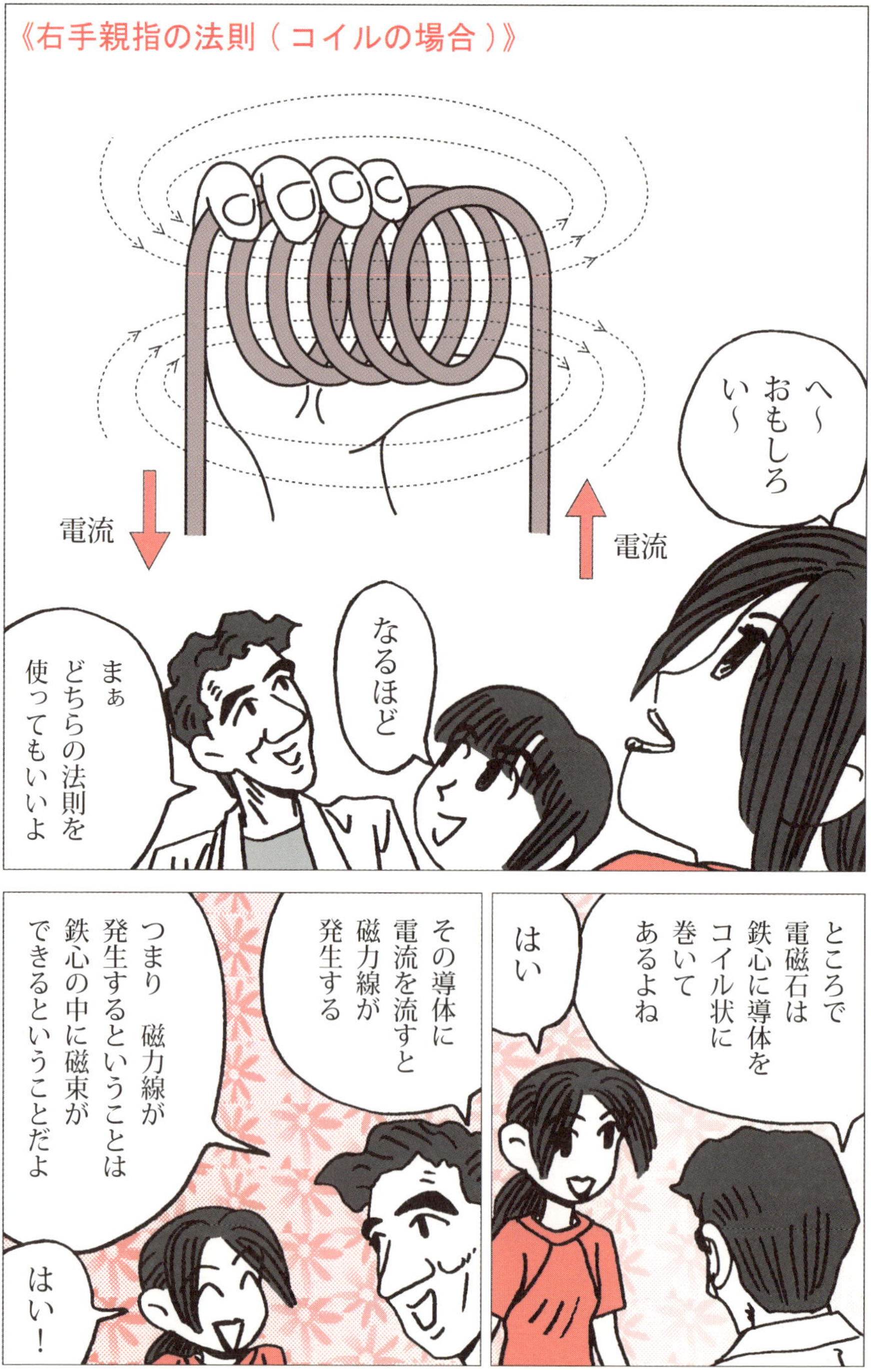
《右手親指の法則（コイルの場合）》
電流
電流
へ～おもしろい～
なるほど
まぁどちらの法則を使ってもいいよ
ところで電磁石は鉄心に導体をコイル状に巻いてあるよね
はい
その導体に電流を流すと磁力線が発生する
つまり　磁力線が発生するということは鉄心の中に磁束ができるということだよ
はい！

そして
この磁束をつくる
原動力を
起磁力というよ
起磁力

起磁力の単位には、電流と同じように、〔A〕(アンペア)が用いられます。起磁力は、コイルの巻数が多いほど、また電流が大きいほど大きくなります。したがって、コイルの起磁力 F〔H〕は、巻数 N と電流 I〔A〕の積に比例し、次の式で表されます。

$$F = NI \text{〔A〕}$$

チェックポイント

・導体に電流を流したときに発生する磁力線の方向は、右ねじの法則で分かります。
・右ねじの法則同様に、右手親指の法則でも、電流の流れる方向によって磁力線の方向を知ることができます。
・磁束をつくる原動力を起磁力といいます。

だけど
おれの
右ねじの法則って
すごいんだな〜
Joy's
だから
あんたの
法則じゃ
ないん
だって…

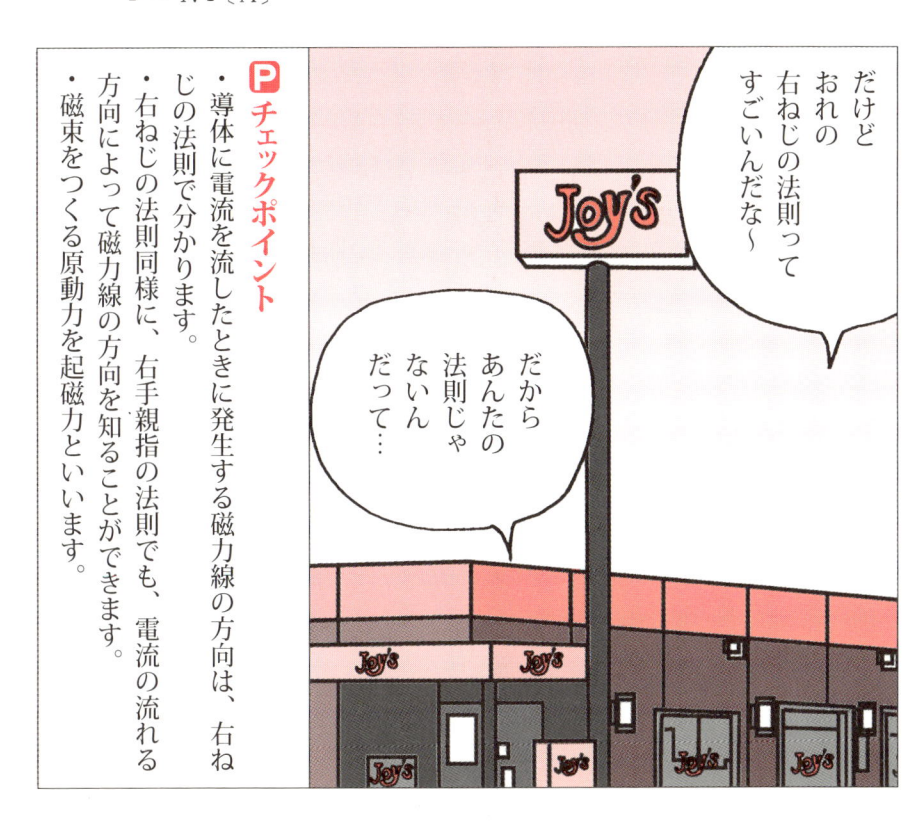

（3）物質の磁性

初めに　物質は原子核を中心に電子が円運動をしていると話したけど覚えているかな？
《物質》
原子核（＋）
電子（－）
はい！原子核は正の電気を電子は負の電気をもっていると教わりました
自由電子の動きが電流の流れだったよな
そうそう
そうだったね
物質は原子核を中心に電子が円運動しているわけだけど
実は電子自身もまた自転しているんだよ
それって恒星の太陽を中心に地球などの惑星が自転しながら回っているのと同じじゃん
そうだな

つまり　電子の運動は
電荷の移動ということだから
電子が運動するということは
電流が生じていると
いうことだよ
電子の運動
電荷の移動
電流の発生
この結果　原子や分子は
これらを構成する
多くの電子の運動による
合成の磁気モーメントを
もった微小電磁石になるわけだ
……
磁気モーメント
ところが　通常は
互いに勝手な方向を向いていて
磁石としての性質
つまり　磁性は現れない
微小電磁石
(勝手な方向を向いている)
磁界を与える
(磁界)
(磁界の方向を向いて並ぶ！)
しかし　これに磁界を与えると
微小電磁石が
磁界の方向を向いて並ぶから
常磁性を現すようになるんだよ

[磁気モーメントとは]

金属などが磁気を帯びることは、電子の回転によって発生する渦電流が源です。そして、この電子の回転などによる磁極の強さmと磁極間の長さ l との積を、

$$M = ml$$

として、このMを磁気モーメントと呼んでいます。

P チェックポイント

・電子の運動は電荷の移動ということなので、電子が運動するということは電流が生じているということです。

第四章　電磁力

（1）電磁力について

東東京大学
新堂源太郎講座教室
へ～
ここが
親父の
仕事場か…
新堂先輩
初めて
来たん
ですか？
ああ…
なんか
大学生に
なった気分…
わははは
ぜひ
入学して
ください
おれらの
頭じゃ
東東京大学は
無理だって…

137

（1）電磁力について

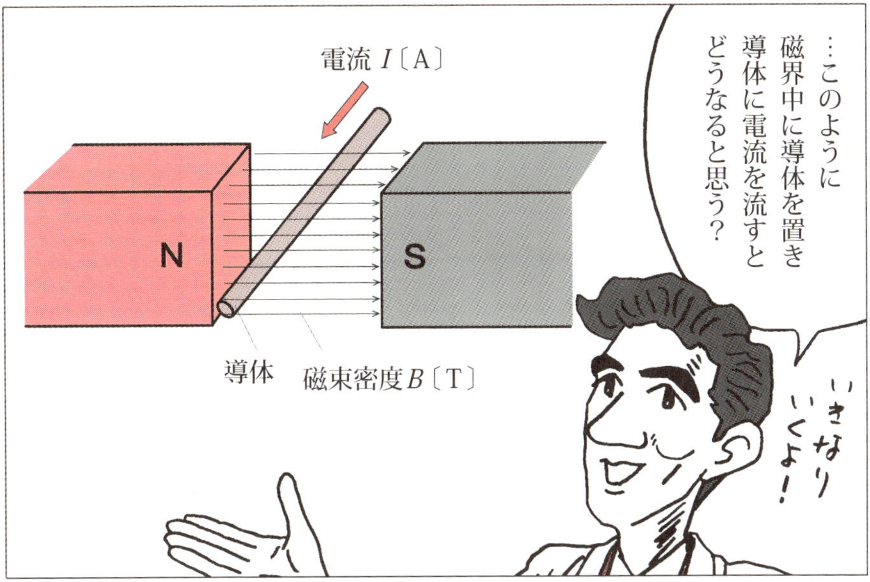

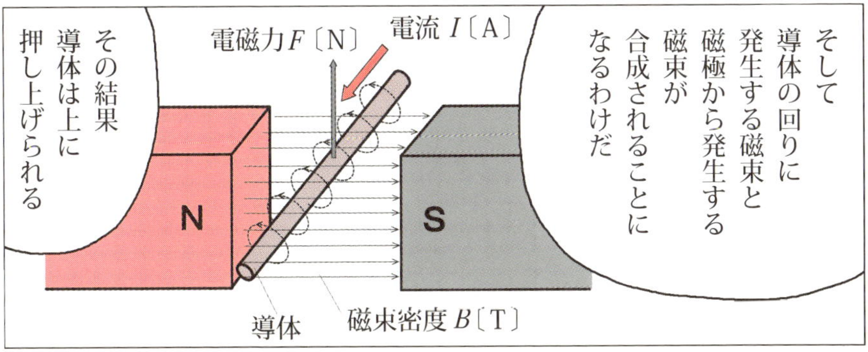

どうしてですか？
それは電流と磁界の間に力が生じたためだよ
だけどどうして上に力が働くんだ…？

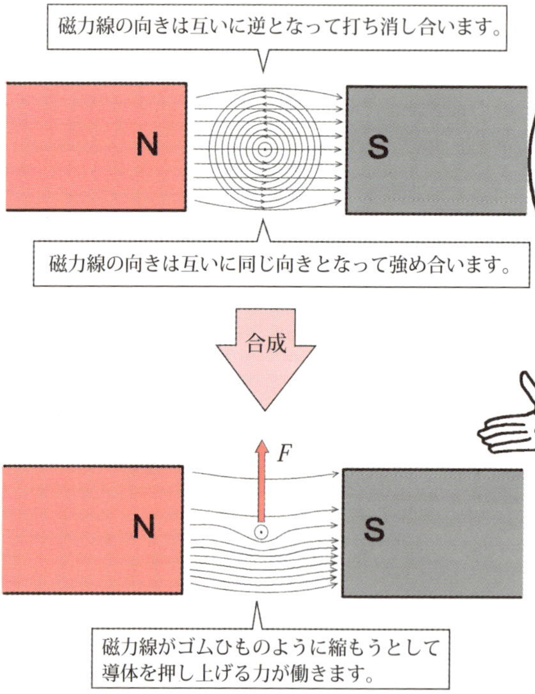
磁力線の向きは互いに逆となって打ち消し合います。
N
S
磁力線の向きは互いに同じ向きとなって強め合います。
合成
F
N
S
磁力線がゴムひものように縮もうとして導体を押し上げる力が働きます。

この図を見てごらん
さっきの図を前方から見たものだよ…

⊗（クロス）：紙面の表から裏に向かう方向
⊙（ドット）：紙面の裏から表に向かう方向

(1) 電磁力について

磁界中の導体の上部分では磁極から発生する磁束と電流によって発生する磁束が互いに逆向きになってる
N
S
そうですね…

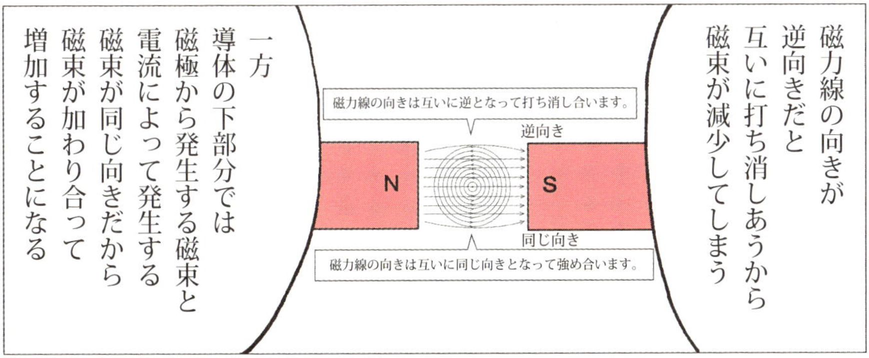

磁力線の向きが逆向きだと互いに打ち消しあうから磁束が減少してしまう
磁力線の向きは互いに逆となって打ち消し合います。
逆向き
N
S
同じ向き
磁力線の向きは互いに同じ向きとなって強め合います。
一方導体の下部分では磁極から発生する磁束と電流によって発生する磁束が同じ向きだから磁束が加わり合って増加することになる

てことは導体の上部分では磁力線が弱くなっているのに対し下部分では磁力線が強くなっているから導体を押し上げる力が発生するのかも…
というより下部分の磁力線がちょうどゴムひものように縮もうとして導体を上に押し上げる力が働くんだ

ゴムひものように…
ですか？
図のように合成された磁力線は湾曲してしまうよ
すると磁力線は引っ張られたゴムひものような性質があるので縮んで一直線になろうとして導体に上向きの力を与えるんだ
なるほどそういうことか…
このように電流と磁界の相互作用によって発生する力を電磁力という
電磁力！

▶141◀
（1）電磁力について

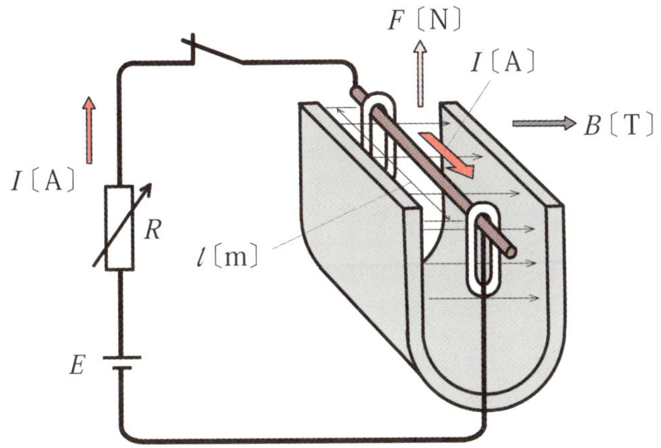

F〔N〕
I〔A〕
B〔T〕
I〔A〕
R
l〔m〕
E

磁束密度 B〔T〕の磁界中に、長さ l〔m〕の導体を磁界の向きと垂直に置き、これに、I〔A〕の電流を流します。このとき、導体に生じる電磁力の大きさ F〔N〕は、次の式で表されます。

$F = BIl$〔N〕

二人とも左手を出してごらん
…？
？
そして
こうしてごらん…
こう…？

左手の中指が導体を流れる電流の向きとして人さし指が磁束の向きそして親指が電磁力の働く方向だとするよ
さぁ自分の三本の指を今説明した電磁力の図と照らし合わせてみて…
すごい！指と図がピッタシだわ！
F〔N〕
I〔A〕
B〔T〕
お親父…
これがフレミングの左手の法則だよ！
フレミング
フレミングの左手の法則！

チェックポイント

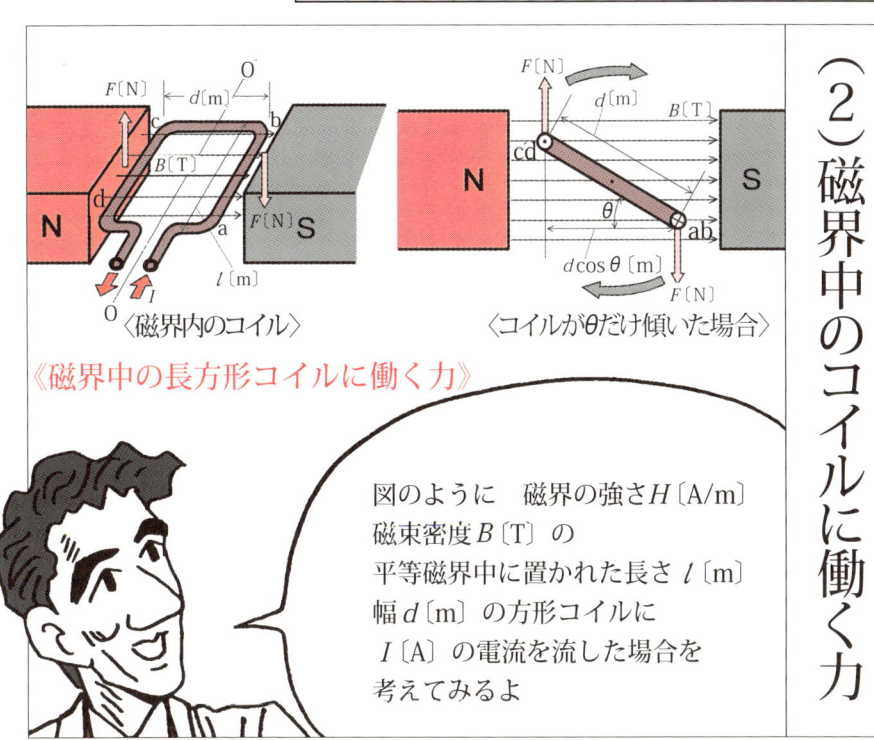

・電流と磁界の相互作用によって発生する力を電磁力といいます。

・左手の中指が導体を流れる電流の向きを指し、人さし指が磁束の向き、親指が電磁力の働く方向を指します。これがフレミングの左手の法則です。

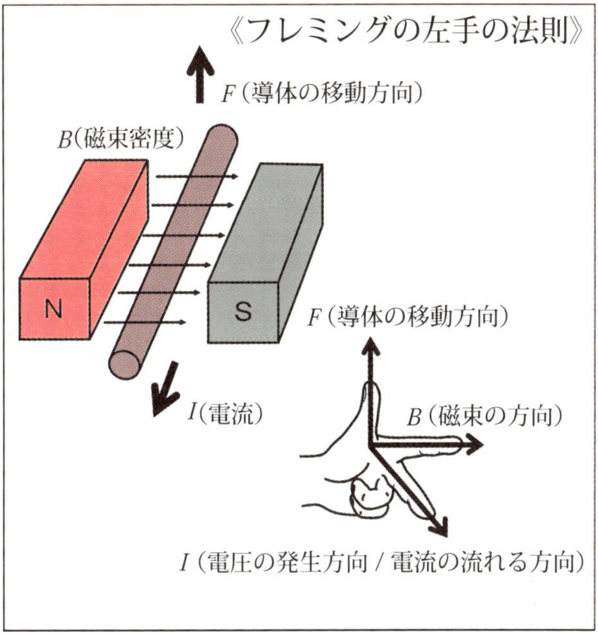
《フレミングの左手の法則》
F（導体の移動方向）
B（磁束密度）
N
S
I（電流）
F（導体の移動方向）
B（磁束の方向）
I（電圧の発生方向 / 電流の流れる方向）

（2）磁界中のコイルに働く力

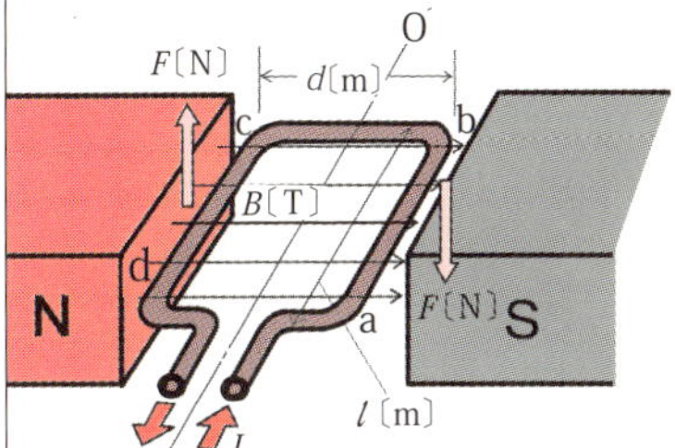
F〔N〕
O´
d〔m〕
b
c
B〔T〕
d
N
F〔N〕
S
a
l〔m〕
I
O

〈磁界内のコイル〉

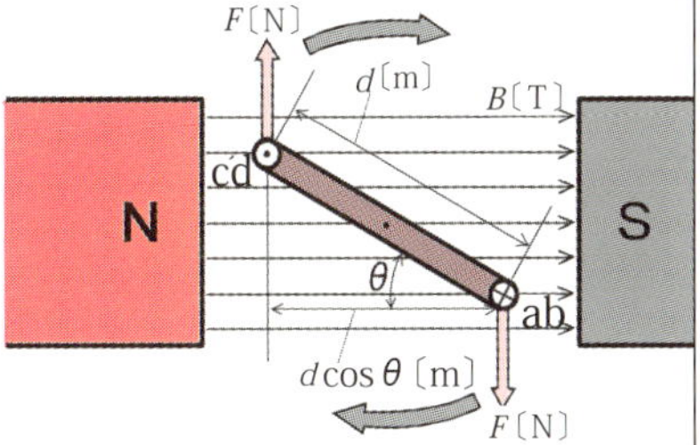
F〔N〕
d〔m〕
B〔T〕
cd
N
θ
ab
S
dcosθ〔m〕
F〔N〕

〈コイルがθだけ傾いた場合〉

《磁界中の長方形コイルに働く力》

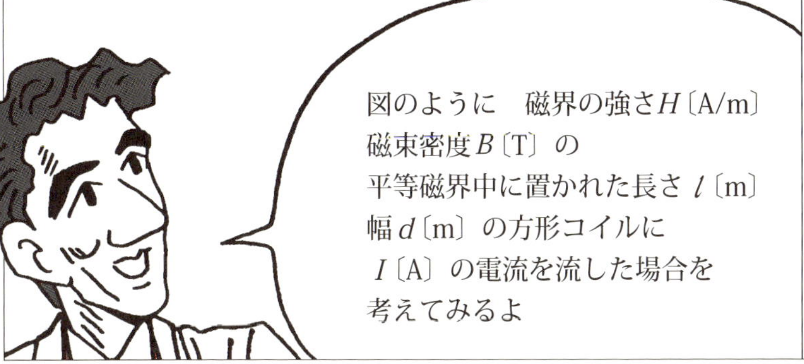
図のように　磁界の強さH〔A/m〕
磁束密度B〔T〕の
平等磁界中に置かれた長さ l〔m〕
幅d〔m〕の方形コイルに
I〔A〕の電流を流した場合を
考えてみるよ

この図を見ると コイルの辺 a-b と 辺 c-d は 磁界の向きに対して 垂直になっているね
一方 コイルの辺 a-d と 辺 b-c は 磁界の向きに対して 水平になっている
F〔N〕
d〔m〕
B〔T〕
N
S
F〔N〕
I
l〔m〕
〈磁界内のコイル〉
F〔N〕
d〔m〕
B〔T〕
N
S
θ
dcos θ〔m〕
F〔N〕
〈コイルがθだけ傾いた場合〉
さぁ この状況から どんなことが わかるかな？
垂直なら 電磁力が 発生します よね
逆に 水平な状態だと 電磁力は 発生しません
おれも そう思う
そうだね
はい 正解！
やった！
よし！

(2) 磁界中のコイルに働く力

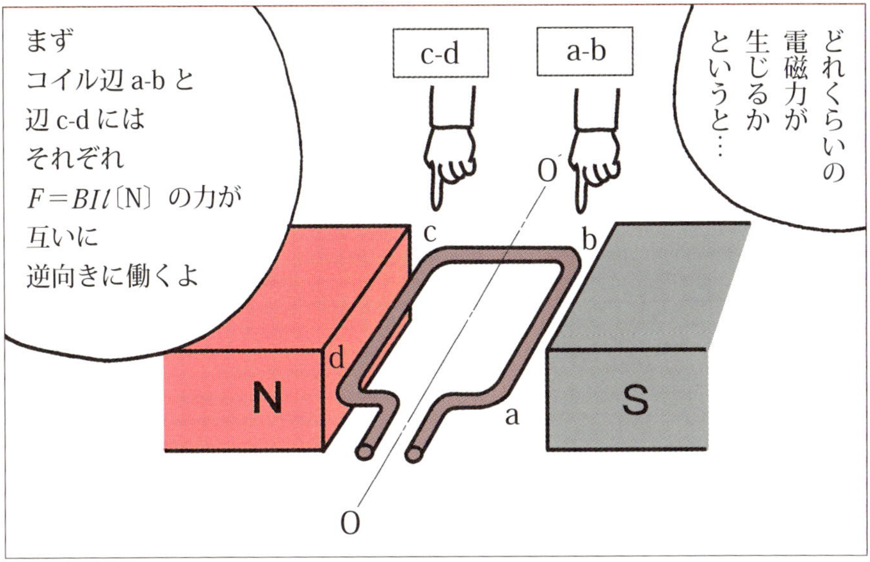
どれくらいの電磁力が生じるかというと…
c-d
a-b
O′
c
b
d
a
N
S
O
まずコイル辺a-bと辺c-dにはそれぞれ$F=BIl$〔N〕の力が互いに逆向きに働くよ

それはフレミングの左手の法則を適用すればわかることだね
はいわかります！
わかるよ！

電磁力がお互いに逆向きに働くということはこのコイルはOO’の軸を中心に回転するよね？
O′
c
b
d
a
O
なるほど
これがモータの原理なのね…

そして
そのときに生じる
回転力のことを
トルクというんだよ
トルク？
ハルクじゃ
ないの？
ガォー
おいおい
ハルクは
アメリカン
コミックの
主人公
だろーが！

そういや
友だちと
車やバイクの話を
しているとき
ときどき
トルクって
出てくるけど
意味は
同じみたいだな

▶147◀
（2）磁界中のコイルに働く力

トルク T は、力の大きさ F〔N〕と幅 d〔m〕の積で表されます。また、トルクの単位には、〔N･m〕（ニュートンメートル）が用いられます。トルク T〔N･m〕は、次の式で表されます。

$$\text{トルク}\,T = Fd = BIld\,〔\mathrm{N \cdot m}〕$$

コイルが回転して、図のように磁界に対して θ の角度になった場合のトルク T〔N･m〕は、次の式で表されます。

$$\text{トルク}\,T = Fd\cos\theta = BIld\cos\theta\,〔\mathrm{N \cdot m}〕$$

こうした
方形コイルが磁界中で
トルクによって
回転する原理は
直流電動機などに
利用されているよ

【直流電動機】

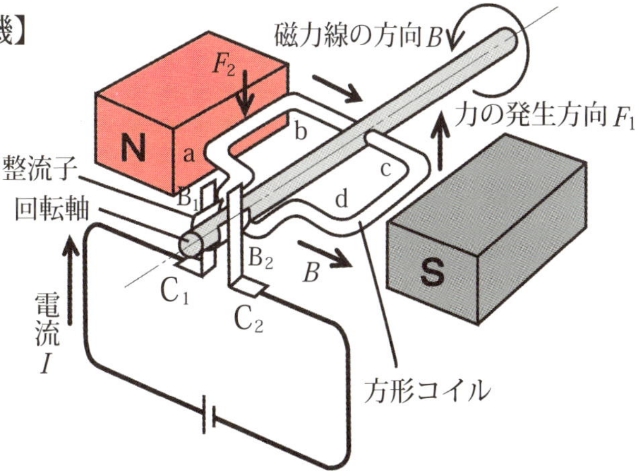
磁力線の方向B
F2
力の発生方向F1
N
a
b
c
d
S
整流子
回転軸
B1
B2
B
C1
C2
電流
I
方形コイル

磁束密度 B〔T〕の磁界中に方形コイルを設置してあります。このコイルの先端には、整流子と呼ばれる半円筒形の金属片 C_1、C_2 を付け、回転できる仕組みです。金属片にはカーボンブラシ B_1、B_2 を接触させ、コイルに電流を流します。すると、それぞれのコイル辺に電磁力 F が働き、トルクが生じることで、コイルは矢印の方向に回転し始めます。

P チェックポイント

・平等磁界中に置かれた方形コイルに電流を流すと、コイルが回転します。そのときに生じる回転力のことをトルクといいます。

(3) 電流相互間に働く力

電流と磁界の間に電磁力が働くことはわかったと思う
うん 電流と磁界の相互作用によって生じる電磁力が電流の流れる導体を動かそうとするんだろ
フレミングの左手の法則よね
そこまでちゃんと理解しているようだから先へ進むよ
はい
ああ
電流と磁界の間で電磁力が働くということは…
つまり電流相互間にも力が働くということだ
ちょっと難しいかな…

え～と…
まず　導線に電流が流れれば磁界が発生しますよね…
そうだな…
てことは電流と磁界の間に電磁力が働いて…
どした?
つまり　一方の導線に電流が流れて磁界をつくるとその磁界が　他方の導線に流れている電流に対して何らかの力を及ぼすということじゃないかしら
なるほど!よく気が付いたなーすごいじゃん
でしょー
うふふ
美咲さんなかなかいい線いってるね
だけど他方が一方的に力を及ぼすのではなく相互間に力が働くと考えるほうが正解だね

このように互いに平行な2本の導線A、Bがあるとしよう
そしてこの導線A、BにI_a、I_bの電流が同じ方向に流れているとするよ
B
A
r〔m〕
F〔N〕
磁力線
F〔N〕
I_b〔A〕
I_a〔A〕
平行な2本の導線ね…
まずI_aの電流がつくる磁界についてだけ考えてみるよ
そうすると導線Aの周囲に磁力線が生じるよね
A
I_a〔A〕
そして　この磁力線が導線と直角に下方から上方に通ることがわかる

151
(3) 電流相互間に働く力

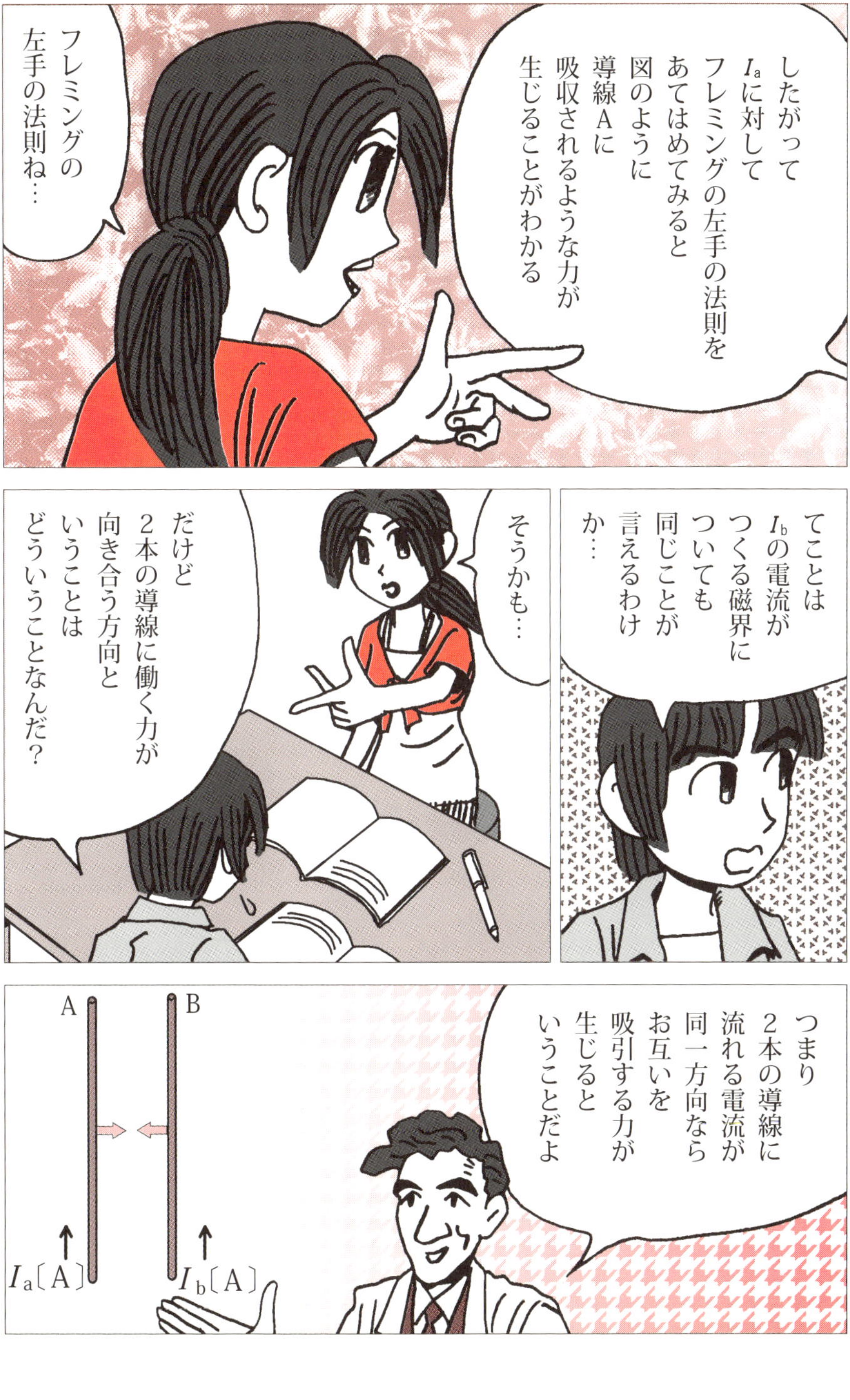
したがって I_a に対して フレミングの左手の法則を あてはめてみると 図のように 導線Aに 吸収されるような力が 生じることがわかる
フレミングの 左手の法則ね…
てことは I_b の電流が つくる磁界に ついても 同じことが 言えるわけ か…
そうかも…
だけど 2本の導線に働く力が 向き合う方向と いうことは どういうことなんだ？
つまり 2本の導線に 流れる電流が 同一方向なら お互いを 吸引する力が 生じると いうことだよ
A
B
I_a〔A〕
I_b〔A〕

そういうことか！
じゃあ2本の導線に流れる電流の向きが逆なら電線相互間には反発力が生じるということですね！
A
B
I_a〔A〕
I_b〔A〕
なるほど！
そうだね
ニコニコ
なんかおまえ理解力がついてきたよな
先生に順序立てて教えてもらってるおかげです
ふ〜ん そうか…
♪

▶153◀
(3) 電流相互間に働く力

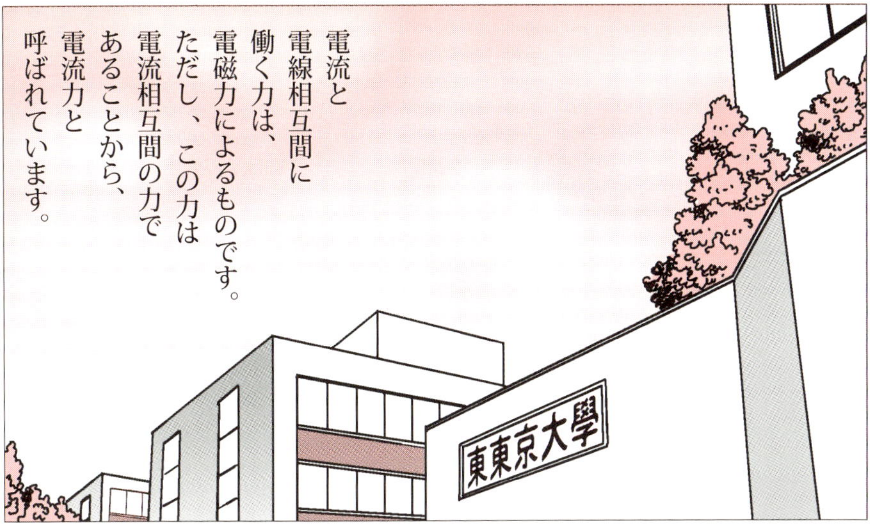
電流と
電線相互間に
働く力は、
電磁力によるものです。
ただし、この力は
電流相互間の力で
あることから、
電流力と
呼ばれています。
東東京大學

《電流相互間の磁力線分布》

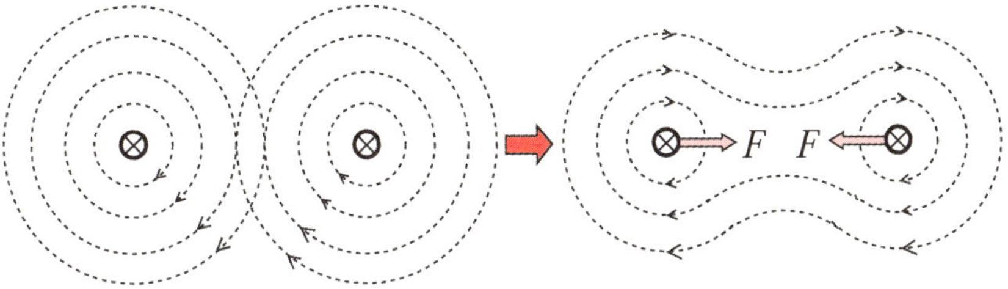
F
F

(a) 同方向の電流間に吸引力が働きます

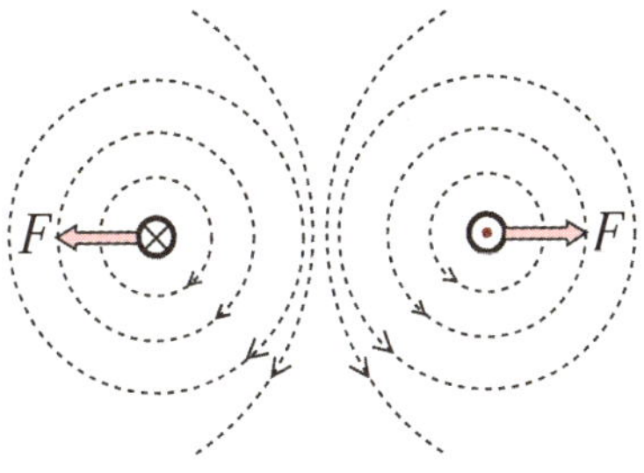
F
F

(b) 反対方向の電流間に反発力が働きます

…おまえ勉強よく続くよな
先輩こそ
以前 電気はそれほど好きじゃないって言ってましたけど 最近の先輩 結構 電磁気学に興味感じてるみたいです
そ そうかもな
電磁気学ってわりと面白れぇもんな…
うふふ
えへへ…
あれ～ 新堂と美咲ちゃん…
先輩たちじゃないですか！

漫画研

…だから親父の講座に行って電磁気学教わってたんだって
おまえらさー最近一緒にいる時間長すぎねーか？
そうそう長すぎっぞ！

それに　昨日の楽しそうな雰囲気許せんな〜
ちゃんとふたりを見張っておく必要あるな！
だよな！
マンガフェスティバル
んじゃあおまえらも一緒に勉強するか？そしたらいつでも見張ってられるじゃんか…

P チェックポイント

・互いに平行な2本の導線に電流が同じ方向に流れているとお互いを吸引する力が生じます。しかし、2本の導線に流れる電流の向きが逆なら、電線相互間には反発力が生じます。

（4）ピンチ効果

こいつらも電磁気学勉強したいっていうから…
よろしくお願いします！
みんな熱心で結構だねー
五十嵐先輩は機械科なのに大丈夫ですか？
なーに機械だって電気は使うんだし勉強せんとな
だよな！
三人が　新たに加わったわけだけどここで勉強を初めのレベルに戻すことはせずに内容を進めていくことにする
わからないことはあとで大地や美咲さんに聞くように
はい！

157
(4) ピンチ効果

さて　今までは二つの導体に流れる電流相互間の作用について話してきたね
今度は同一導体に流れる電流について話してみるよ
同一導体…?

同一導体ということはこの図のように多くの電流が集合して流れていると考えられるわけだ
磁界

互いに平行な2本の導線の場合だと電流が同じ方向に流れていたらお互いを吸引する力が生じるはずですよね
A
B
I_a〔A〕
I_b〔A〕
A
B
I_a〔A〕
I_b〔A〕
だけど2本の導線に流れる電流の向きが逆なら電線相互間には反発力が生じるわけでしょ
そうだね
ということは同一導体で考えたら同一方向に電流が流れている導体間には互いに吸引する力が働くってことですか？
うんそうなるね！
なるほど！
同一導体だから互いに吸引力が働くわけか…

そのために導体外部が内側に吸引され導体を収縮させようとする力が働くわけだ
導体が収縮する…
ところで 今までの導体に電流を流すと磁界が発生するという考えは 実は導体の外部についての考え方だったわけで
実際は導体内部の電流によって導体内にも磁界Hが生じるわけなんだよ
すると導体内に電流が流れるとフレミングの左手の法則によって導体の中心に向かって電磁力が生じますよね…
電磁力の向き
磁束の向き
電流の向き
磁界

そうだね　ということは導体に収縮力を与えると考えられる
なるほど…
でも　導体は固体ですから収縮はしないんじゃないですか？
たしかに…
……
す　すごいな　こいつら…
ところが電気炉などで溶けている金属に電流が流れたらどうかな？
あ！　そうなると固体ではありませんよね
電気炉の金属は収縮するよな

161
(4) ピンチ効果

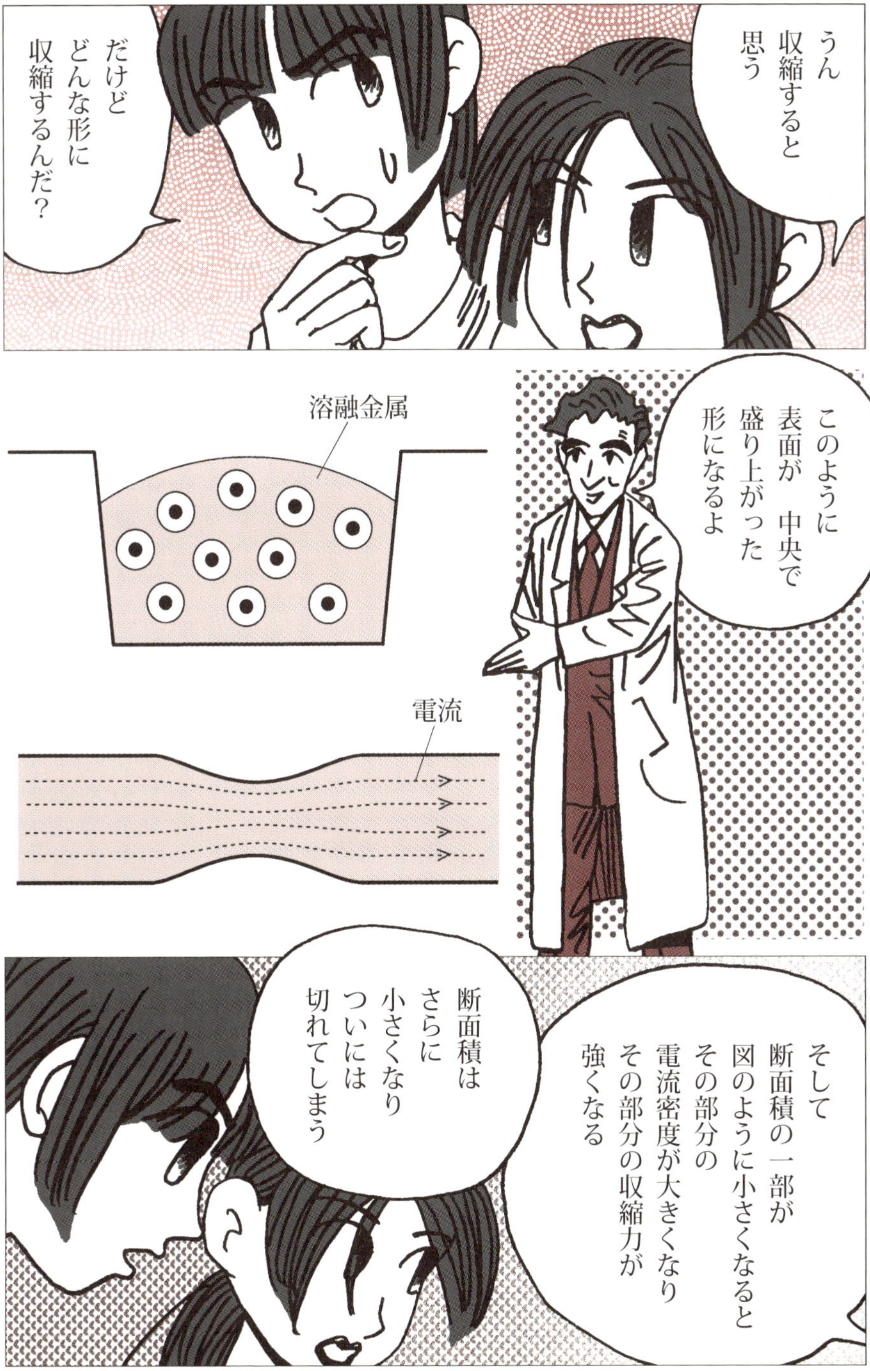

うん　収縮すると　思う
だけど　どんな形に　収縮するんだ？
このように　表面が　中央で　盛り上がった　形になるよ
溶融金属
電流
そして　断面積の一部が　図のように小さくなると　その部分の　電流密度が大きくなり　その部分の収縮力が　強くなる
断面積は　さらに　小さくなり　ついには　切れてしまう

ふ〜ん切れちゃうんだ
切れたらもう収縮しないわけじゃん
ちゅーことは切れると収縮力がなくなって溶けている金属は元に戻るんじゃねーの？
そうだな
そして同じようなことを繰り返すようになる
へ〜
やはり…
この現象をピンチ効果と呼んでいる
おまえらわかったか？
なんか質問は？

163
(4) ピンチ効果

お　おまえら
今の説明聞いて
ちゃんと
わかったのか?
うん
なんと
かね…
ああ
す
すごいな〜
おれ
ちんぷん
かんぷん
美咲ちゃんも
たいした
もんだよ
だけど
これで一つ
はっきりした
ことがある
おまえらが
マジに
電磁気学を
勉強してたってこと
なんの
こっちゃ
当たり前じゃ
ねーか

その当たり前が
おれたちにゃ
大事なんだよぉ〜

Ⓟ チェックポイント

・同一導体において同一方向に電流が流れている導体間には、互いに吸引する力が働きます。そのために、導体外部が内側に吸引され、導体を収縮させようとする力が働くことになります。

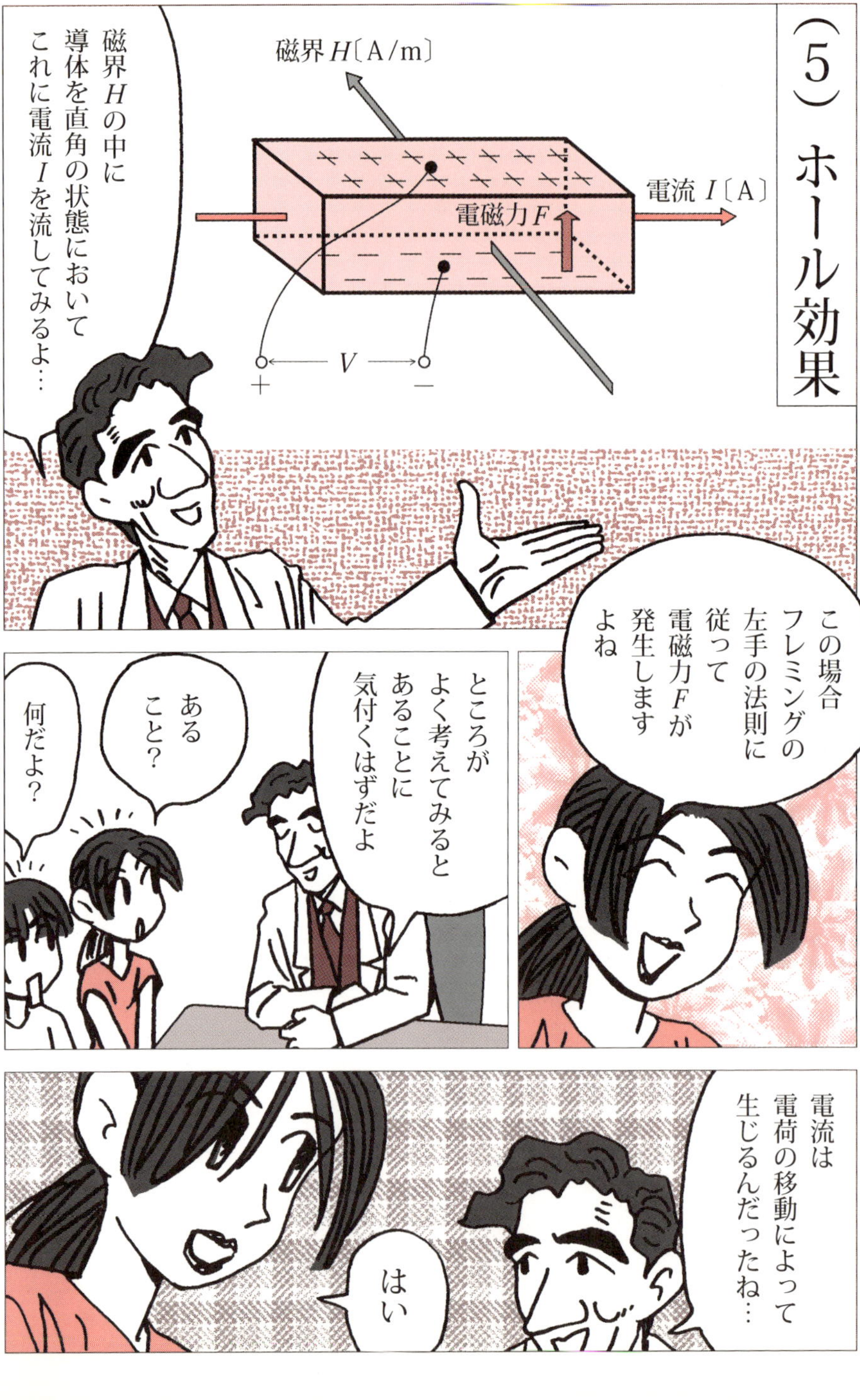
(5) ホール効果
磁界H〔A/m〕
電流I〔A〕
電磁力F
V
+
−
磁界Hの中に導体を直角の状態においてこれに電流Iを流してみるよ…
この場合フレミングの左手の法則に従って電磁力Fが発生しますよね
ところがよく考えてみるとあることに気付くはずだよ
あること?
何だよ?
電流は電荷の移動によって生じるんだったね…
はい

165
（5）ホール効果

ということは 結局 移動する電荷に 電磁力を 与えていると いうことだろ？
そうなる かな…
つまり 導体内を移動する電荷は 電磁力の方向に移動して 図のような導体の端面に 正（＋）と負（－）の 電荷が現れ 電圧Vを 生じることになる
こうした現象を 磁界の ホール効果 と呼んでいる！
ホール 効果！
ホール効果を 横効果ともいいます。
そして 発生する電圧を ホール電圧と いうんだ
わからん…
ホール（穴）が あったら 入りたい…

ホール電圧 V_H は、流れる電流を I とし、これに直角に磁界 H を与えると、その方向の物質の厚さ t 、物質によって定まる定数を k_H とした場合、次の関係式が成り立ちます。

$$V_H = k_H \frac{HI}{t} \text{〔V〕}$$

この定数 k_H を、ホール定数といいます。一般に、ビスマス、テルル、ゲルマニウム、シリコン、セレンなどの半導体のホール定数は、他の物質と比較するとかなり大きいことがわかっています。

ビスマス…淡い赤みがかった銀白色の半金属です。半金属のために、電気伝導性や熱伝導率は金属ほどよくありません。
テルル…金属テルルと無定形テルルがあり、金属テルルは銀白色の半金属の結晶で、六方晶構造です。にんにく臭があり、毒性があります。
ゲルマニウム…素子を液体窒素などで冷却する必要があるという欠点もあるが、エネルギー分解能力に優れています。初期のトランジスタには、ゲルマニウムが使われていました。
シリコン…シロキサン結合を骨格とした高分子有機化合物（ポリマー）の総称をシリコンといいます。構造的にはケトンの主鎖の炭素がケイ素に置き換わった分子で、本来はシリカケトンの略称としてシリコンと呼ばれています。
セレン…いくつかの同素体がありますが、常温で安定しているのは金属セレン（灰色セレン）です。水には溶けず、二酸化炭素に溶けます。また、熱濃硫酸と反応します。セレンは微量レベルであれば人体にとって必須元素であり、抗酸化作用がありますが、摂取しすぎると毒性があり危険です。

このホール効果は導体の種類によって生じる電荷の極性が反対になることがある

167
（5）ホール効果

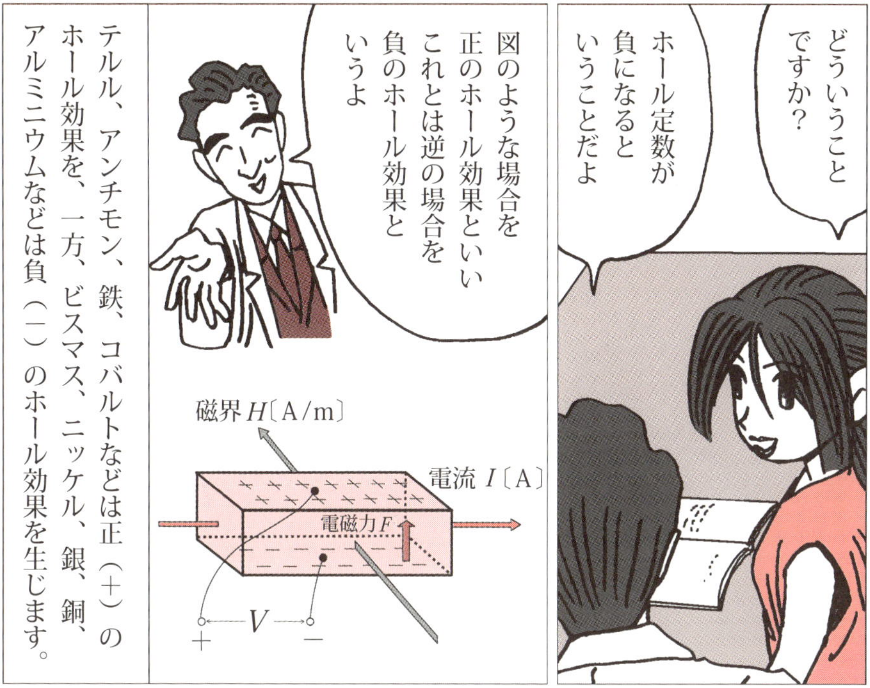

どういうことですか？
ホール定数が負になるということだよ
図のような場合を正のホール効果といいこれとは逆の場合を負のホール効果というよ
磁界 H〔A/m〕
電流 I〔A〕
電磁力 F
V
＋
－
テルル、アンチモン、鉄、コバルトなどは正（＋）のホール効果を、一方、ビスマス、ニッケル、銀、銅、アルミニウムなどは負（－）のホール効果を生じます。

アンチモン…常温、常圧で安定しているのは灰色アンチモンです。銀白色の金属光沢のある、硬くてもろい半金属の固体です。
コバルト…鉄族元素の一つです。安定する結晶構造は六方最密充填構造で、強磁性体です。純粋なものは銀白色の金属です。鉄より酸化されにくく、酸やアルカリにも強い金属です。

ところで磁界の効果はホール効果のように横方向ばかりではない
たとえば電流の流れる方向と同じ方向に電圧を生じる現象があるんだ

導体に流れる電流の方向と磁界の方向が同じってこと？
電流が流れる方向
磁界の方向
そうだよ この現象が生じると電流に対する電圧降下が変化した形になって電気抵抗が変化することになるんだ
導体の電気抵抗が変化するのね
そうか…
そうした現象を磁界の縦効果というんだよ
今度は縦効果か…
横効果に縦効果ね
つまり 電流の流れる方向と磁界の方向が直角になっているのが横効果で 電流の流れる方向と磁界の方向が同じ場合が縦効果というわけね

169
(5) ホール効果

チェックポイント

・磁界の効果は、ホール効果のような横方向ばかりではなく、縦効果もあります。

第五章　電磁誘導

(1)電磁誘導とは

あら今日はいつもと違う形ね～
母はクロワッサンが得意なんです
おいしそ～
ありがとう
…今までの話で磁界と電流との間には電磁力が発生することが分かったと思う
フレミングの左手の法則ですね
そう！

（1）電磁誘導とは

ところで
これまでの話は
磁界と電流があって
電磁力が発生した
わけだけど
力が加えられて
磁界と導体が
相対的に運動したり
コイルを貫く磁界が
変化するときなどに
今までとは
異なる現象が
現れるんだよ
てことは
電流が
発生する
とか？
そういう
ことだ
へ～
つまり
磁界中の導体に
起電力を誘導して
電流が
流れるんだよ

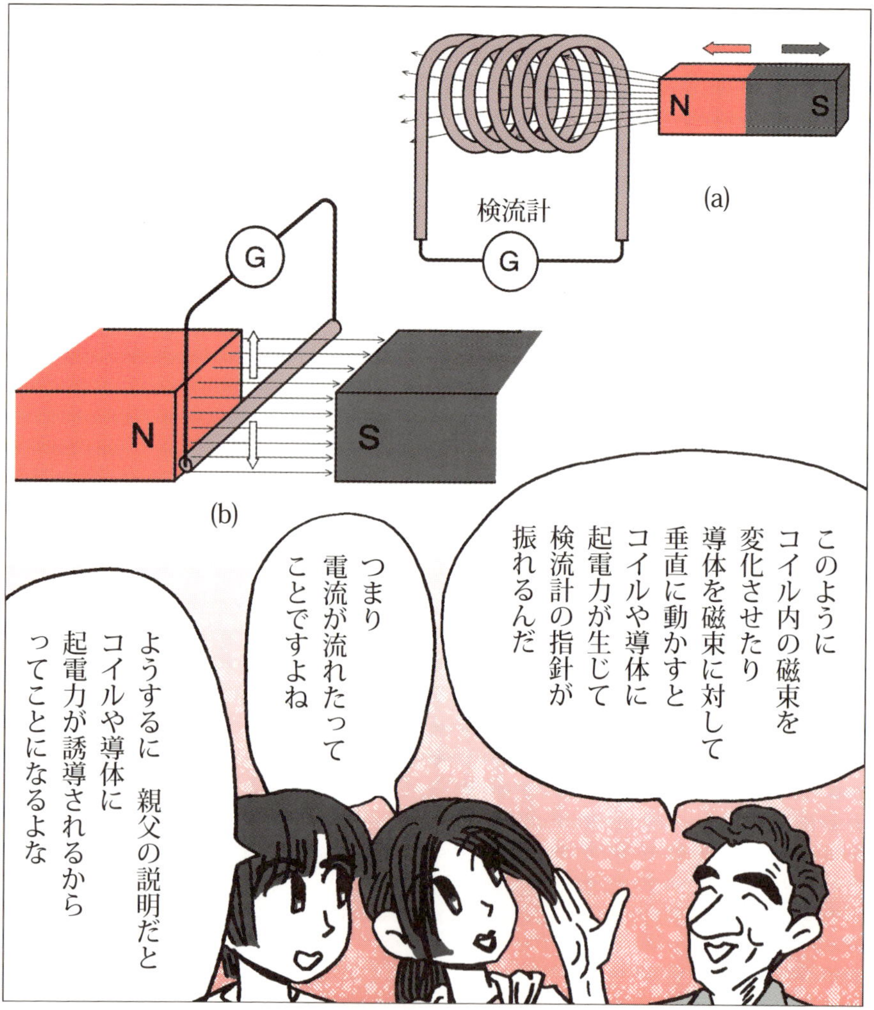
N
S
検流計
G
(a)
G
N
S
(b)
このようにコイル内の磁束を変化させたり導体を磁束に対して垂直に動かすとコイルや導体に起電力が生じて検流計の指針が振れるんだ
つまり電流が流れたってことですよね
ようするに　親父の説明だとコイルや導体に起電力が誘導されるからってことになるよな

こうした現象はコイルと交わる磁束数が増減したり導体が磁束を切ったりすることで起こるので電磁誘導と呼ばれているよ
電磁誘導によって誘導される起電力を誘導起電力といい、流れる電流を誘導電流といいます。

173
(1) 電磁誘導とは

[コイルと磁石]

（１）　磁石をコイルに入れたり出したりする瞬間だけ、検流計の指針が振れ、磁石を静止させると指針は振れません。

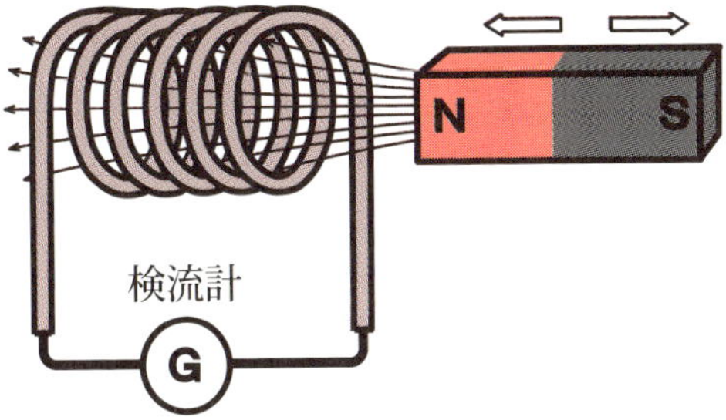

（２）　磁石を入れるときと出すときとでは、検流計の指針の振れは逆になります。

（３）　磁石を動かす速度を速くすると、検流計の指針の振れは大きくなります。

（４）　磁石を静止させコイルを動かしても、同じ現象が起きます。

[磁極間に導体を置く]

この場合も、上の [コイルと磁石] の現象と同じことが起きます。

（１）　導体を磁極間に入れたり出したりする瞬間だけ、検流計の指針が振れ、導体を静止させると指針は振れません。

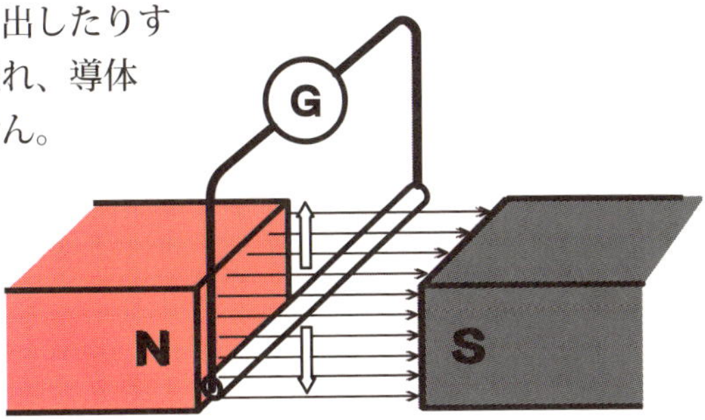

（２）　導体を入れるときと出すときとでは、検流計の指針の振れは逆になります。

（３）　磁石を動かす速度を速くすると、検流計の指針の振れは大きくなります。

（４）　導体を静止させ磁石を動かしても、同じ現象が起きます。

Ⓟチェックポイント

・コイル内の磁束を変化させ導体を磁束に対して垂直に動かすと、コイルや導体に起電力が生じて電流が流れます。

・電磁誘導によって誘導される起電力を誘導起電力といい、流れる電流を誘導電流といいます。

(2)ファラデーの法則

それじゃあさっきの図aのような状態で磁石の出し入れを速くするとどうなると思う？
N
S
検流計
G
(a)
検流計の針が大きく振れるんじゃないかしら？
おれもそう思うつまり大きな起電力が発生するってことじゃん
そういうことだ
それでは図bで導体を上下に速く動かしたらどうかな？
G
(b)
N
S
やはり同じように検流計の針が大きく振れると思います
ということは大きな起電力が発生するんじゃないかしら？
だよな

175
(2) ファラデーの法則

正解！
実はコイルや導体に生じる起電力の大きさはコイルや導体と交わる磁束数が単位時間に変化する割合に比例するんだ
これを電磁誘導に関するファラデーの法則と呼んでいる
ファラデーの法則！
電磁誘導によって起電力を得る方法は、発電機や変圧器に応用されています。
ところでこの場合発生する誘導起電力の向きはどうなるの？

S
N
ϕ'(誘導起電力による磁束)
−
誘導起電力
+
ϕ(磁束の増加分)
(a) 磁束の増加
S
N
+
−
ϕ'　ϕ
(b) 磁束の減少
磁石によって 磁束ϕが増加する場合と 逆に 減少する場合とでは 誘導起電力の向きは 逆向きになるんだよ
つまり 誘導起電力の向きは その誘導電流のつくる磁束ϕ'が もとの磁束ϕの増減を妨げるような 向きに生じることになる
これを レンツの法則と いうんだよ
レンツの 法則!

巻数 N のコイルと交わる磁束を、きわめて短い時間 Δt〔s〕の間に $\Delta\Phi$〔Wb〕（磁束の変化分）だけ変化させたとき、生じる誘導起電力 e〔V〕は次の式で表されます。

$$e = -N\frac{\Delta\phi}{\Delta t}\text{〔V〕}$$

先生…
$e = -N\frac{\Delta\phi}{\Delta t}$〔V〕
どうして式にマイナスの符号（－）が付くんですか？
だよな……

このマイナス符合は磁束の変化を妨げる向きに生じるということを表しているんだよ
e〔V〕は逆起電力ともいわれます。

チェックポイント

- 電磁誘導によって、コイルや導体に生じる起電力の大きさは、コイルや導体と交わる磁束数が単位時間に変化する割合に比例します。
- 磁石によって磁束が増加する場合と、逆に減少する場合とでは、誘導起電力の向きは逆向きになります。

（3）フレミングの右手の法則
電磁誘導によって生じる起電力すなわち誘導電流の向きを簡単に知る方法として…今話したレンツの法則のほかにフレミングの右手の法則を利用する方法がある
え？フレミングの…左手ではなくて右手の法則ですか？
フレミングの法則にはフレミングの左手の法則と右手の法則があるんだ

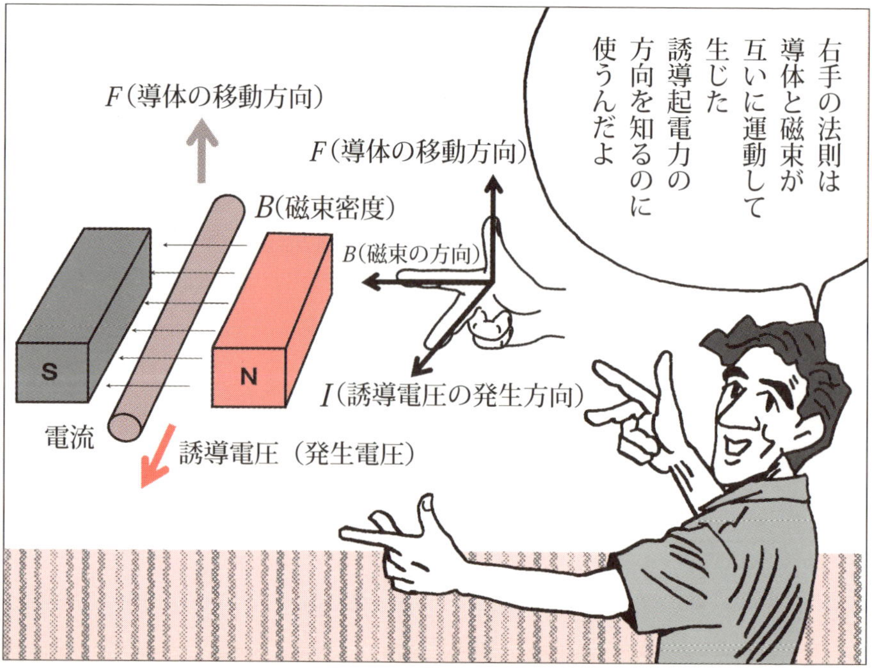
右手の法則は導体と磁束が互いに運動して生じた誘導起電力の方向を知るのに使うんだよ
F（導体の移動方向）
B（磁束密度）
S
N
電流
誘導電圧（発生電圧）
F（導体の移動方向）
B（磁束の方向）
I（誘導電圧の発生方向）

じゃあコイルを貫く磁束が増えるとしたらどうなるのかしら…？
反作用として誘導電流が生じ磁束の増加を妨げる方向に反作用磁束を生じようとするね
反作用…？
磁界ϕで力を加えて導体を運動させようとするとどうなるんですか？
やはり誘導電流が生じ反対方向の電磁力が働くことでその運動を妨げようとするよ

てことは電磁誘導の現象は力の作用反作用の原理で働くということ？
そういうことだ
ふ～ん

P チェックポイント

・電磁誘導の現象は、力の作用反作用の原理で働きます。

(4)直流発電機の原理

c b e e N S d a B2 B1 C2 C1 I
R(負荷抵抗)
(a)
b c e e N S a d B2 B1 C2 C1 I
R(負荷抵抗)
(b)
このように整流子と呼ばれる竹を割ったような二つの金属片を導体の両端に取り付け磁界内でコイルに負荷抵抗を接続しコイルを回転させると…
電磁誘導によってコイル辺a-bとc-dに起電力が発生する
ということは接続した負荷抵抗に電流が流れるってことか…
そうね
図aの状態でコイルを回転させると半回転で図bの状態になるよね?
うん
はい

そのとき
コイル辺a-b
およびc-dに生じる
起電力は
逆向きになる
c
b
e
e
d
a
b
c
e
e
a
d
そっか!
フレミングの
右手の法則に
従うと
そうなります
ね!
誘導起電力の
向きが同じでも
コイルが
半回転しているから
実際は 起電力は
逆向きなんだな…
ところが
整流子片C_1 C_2と
ブラシB_1 B_2は
半回転ごとに
交互に接触して
いるよね
B_2
B_1
C_2
C_1
そうで
すね…

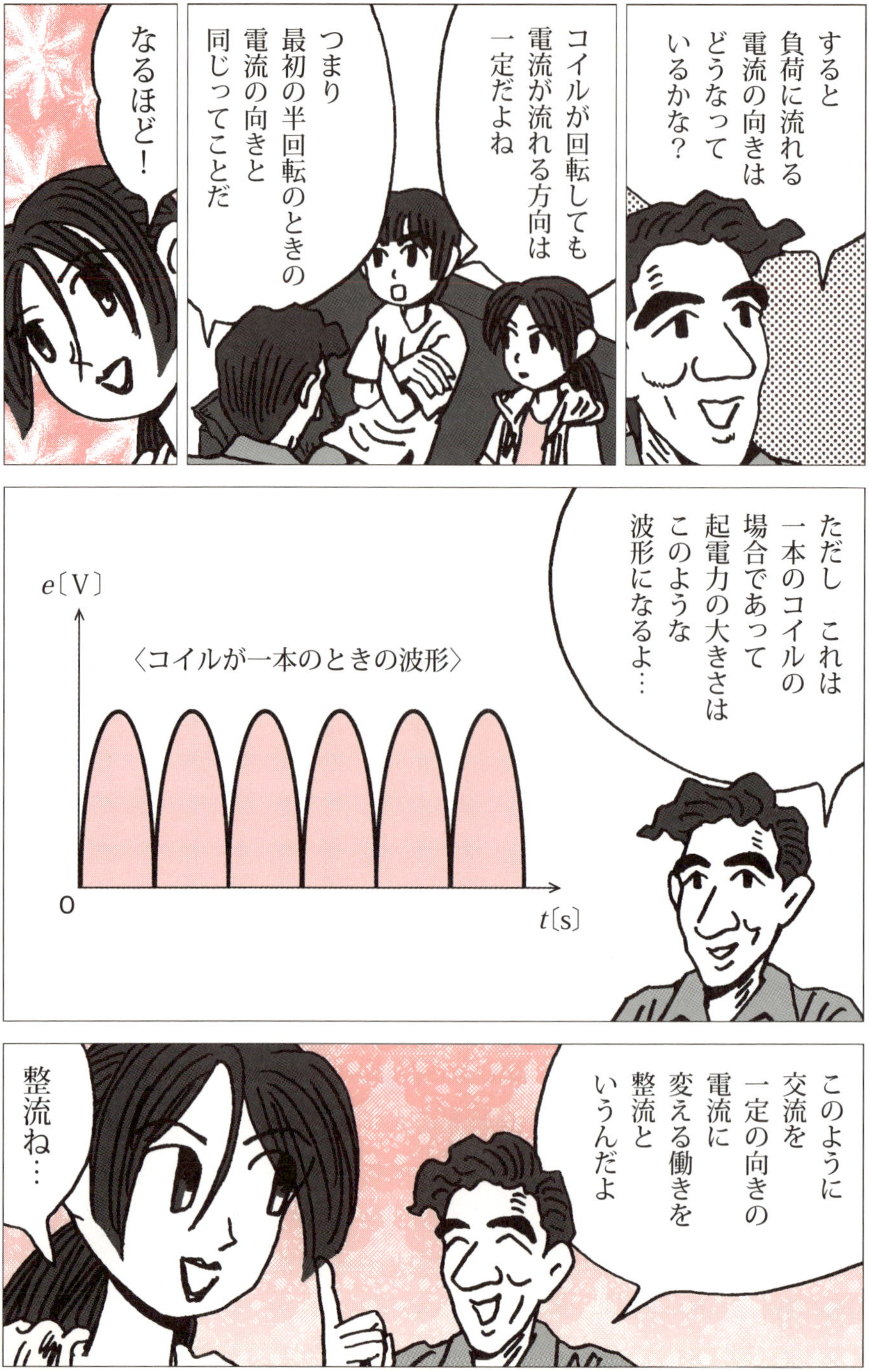
すると負荷に流れる電流の向きはどうなっているかな？
コイルが回転しても電流が流れる方向は一定だよね
つまり最初の半回転のときの電流の向きと同じってことだ
なるほど！
ただし　これは一本のコイルの場合であって起電力の大きさはこのような波形になるよ…
e〔V〕
〈コイルが一本のときの波形〉
0
t〔s〕
このように交流を一定の向きの電流に変える働きを整流というんだよ
整流ね…

しかし このままの状態では 電流や電圧の向きが 一定になっても 大きく 変動することが 分かるよね？
波形の山を 見れば わかるよ
e〔V〕
〈コイルが一本のときの波形〉
0
t〔s〕
たしかに 起伏が 激しい もんね…
そこで コイルの数を多くして このような変化の 少ない起電力が 得られるように する
つまり これが 直流発電機の原理 なんだよ！
e〔V〕
〈コイルの数を増やしたとき〉
0
t〔s〕
そうか！
コイルを 増やすことで 直流の起電力に 近づけるんだ！

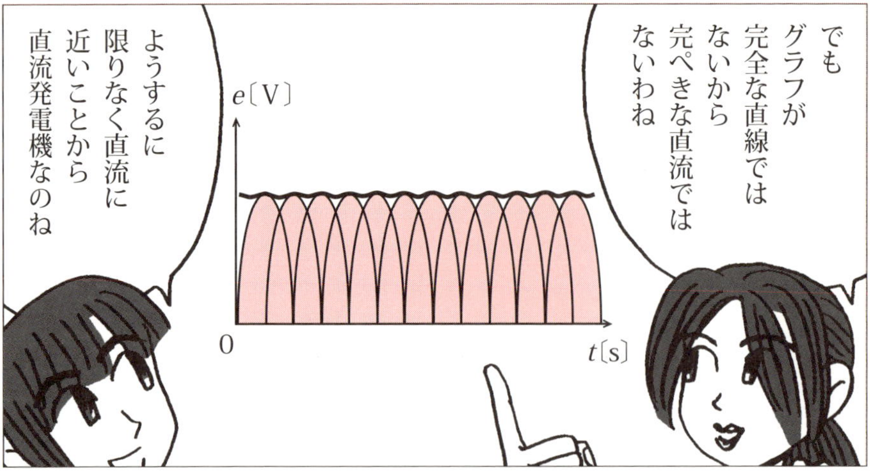
でも
グラフが
完全な直線では
ないから
完ぺきな直流では
ないわね
e〔V〕
0
t〔s〕
ようするに
限りなく直流に
近いことから
直流発電機なのね

まぁ
そういう
ことだね

P チェックポイント

・交流を一定の向きの電流に変える働きを整流といいます。
・コイルの数を増やし、変化の少ない起電力が得られるようにすることが直流発電機の原理です。

(5)渦電流

…コイルと交わる
磁束が変化すれば
電磁誘導によって
起電力を
誘導することは
わかるね?
はい
ああ

185
(5) 渦電流

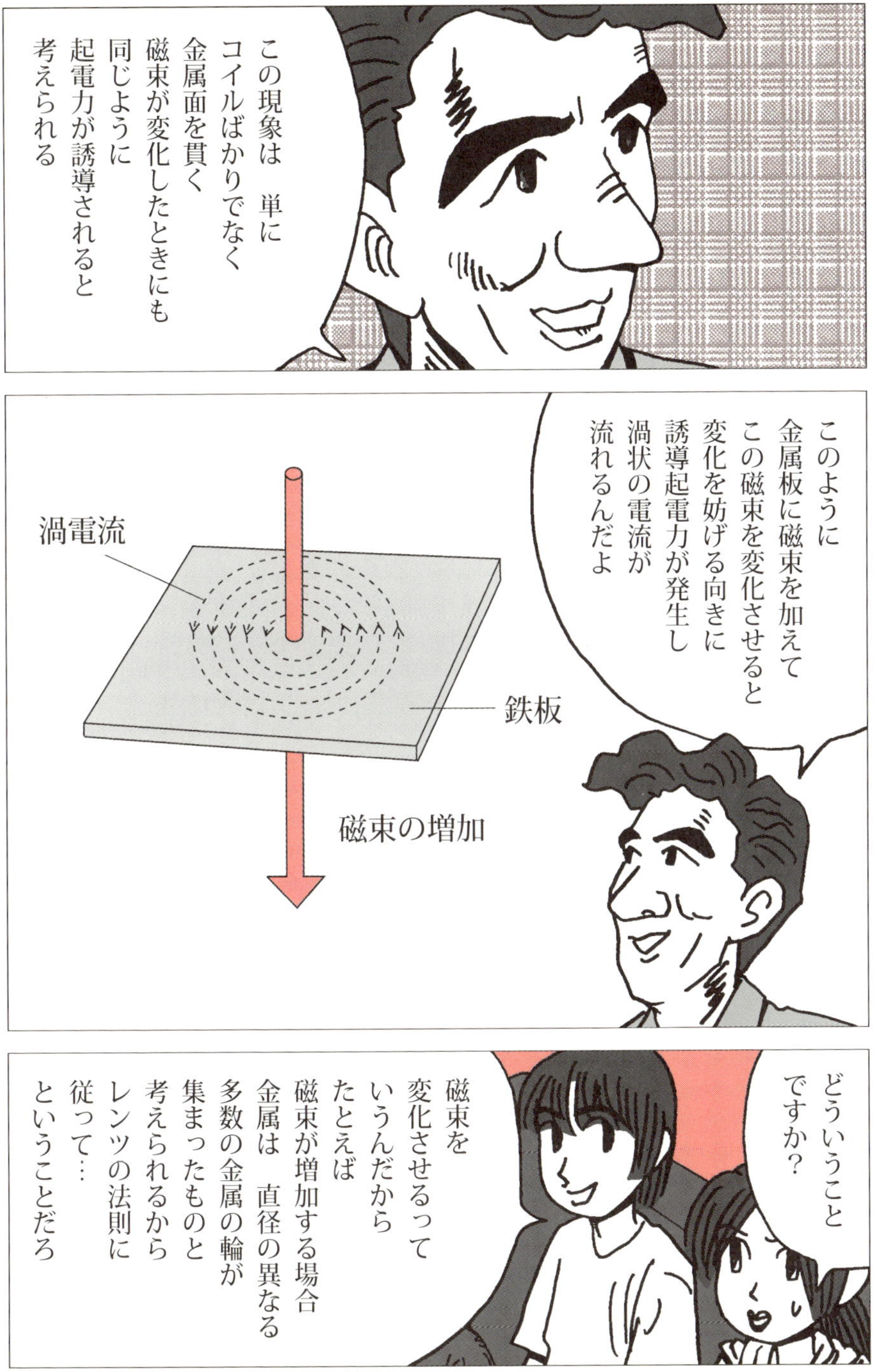

この現象は　単に
コイルばかりでなく
金属面を貫く
磁束が変化したときにも
同じように
起電力が誘導されると
考えられる
このように
金属板に磁束を加えて
この磁束を変化させると
変化を妨げる向きに
誘導起電力が発生し
渦状の電流が
流れるんだよ
渦電流
鉄板
磁束の増加
どういうこと
ですか？
磁束を
変化させるって
いうんだから
たとえば
磁束が増加する場合
金属は　直径の異なる
多数の金属の輪が
集まったものと
考えられるから
レンツの法則に
従って…
ということだろ

さすが先輩！
さっそくレンツの法則を応用しましたね
今日親父に聞いたばっかしだかんな
そっか！
そういうこと！
そしてこの渦状の電流が渦電流だよ！
渦電流ね…
変圧器や交流の電磁石などの場合コイルに交流電流を流すと磁束ϕはこのように鉄心を貫き時間とともに変化している

187
(5) 渦電流

鉄心が鉄の棒であれば、磁束に対して垂直な面に波線のような渦電流が発生します。
渦電流
i(増加)
ϕ(増加)
こうした渦電流が流れると鉄心の抵抗と渦電流によって電力を消費することになる
電流が流れるんだから鉄心の温度は上がるわね
ああ
こうした渦電流による損失を…
渦電流損というんだ!

じゃあ　親父
渦電流損を
少なくすることが
効率化に
つながるのか？
そうなるな
たとえば
変圧器などは
渦電流を
少なくするために
どんな工夫を
しているの？
変圧器の場合は
薄くて抵抗率の大きいケイ素鋼板を
磁束の方向と平行に重ね合わせて
これを電気的に絶縁している
つまり
渦電流の通路の
電気抵抗を
増やすことで
渦電流を
減少している
わけだ
なるほど
電気抵抗を
増やすわけか…
抵抗率の大きな
ケイ素鋼板を
重ね合わせて
鉄心にするわけ
ですね…
そう！
こうした鉄心を
成層鉄心と
いうんだよ！

189
（5）渦電流

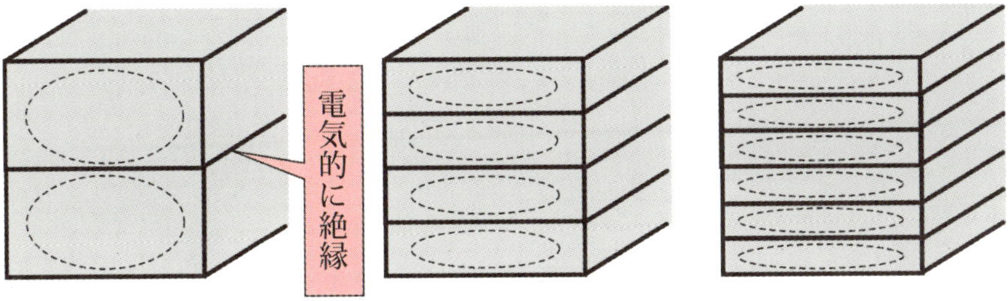

電気的に絶縁

成層鉄心によって渦電流損を減少できます。

ようするに渦電流をいかに少なくするかってことですね
ところが渦電流は邪魔な存在だけかというとそうではないんだよ
だって渦電流は電力損失を招くわけですよね…？
それはそうなんだが逆に　渦電流を利用することもできるんだよ
へ～そうなんですか…

ちょっと この図を 見てごらん
磁極の間に 金属の円板が あるよね
制動力
はい…
この円板を回転させると フレミングの 右手の法則によって 起電力が生じるよね？
ええ…
すると 図にあるような 波線状の渦電流が 発生するわけだ
さらに 渦電流と磁界との間に 今度は　フレミングの 左手の法則に 従って 電磁力が 発生することになる
そうすると 円板の回転に 逆らって 制動力が生じる

191
（5）渦電流

こうした渦電流の働きを渦電流制動というんだよ
この働きは積算電力計の制動などに利用されている

そういえば家庭で電気を消費すると屋外に設置されている積算電力計の円板が回転しているじゃん
じゃあ あれがそうなんだ
その通り！

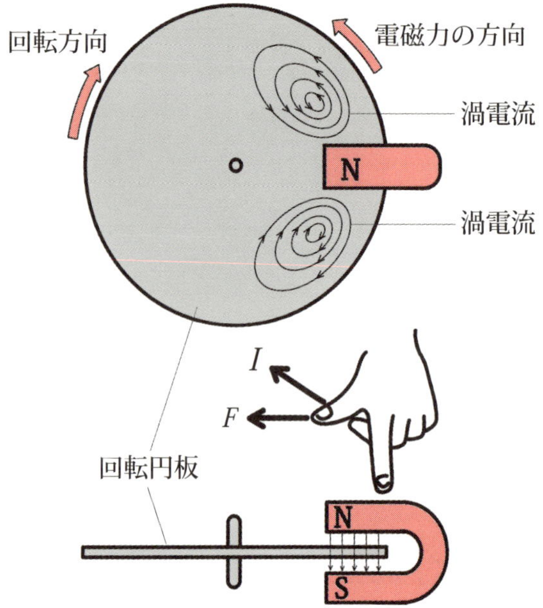
回転方向
電磁力の方向
渦電流
N
渦電流
I
F
回転円板
N
S

磁石を固定して金属の円板を回転させると、磁石の近くで二つの渦電流が発生します。このため、磁石による磁界との間に電磁力が働きます。この電磁力は、円板を回転する向きと逆向きに発生するので、円板の回転を止める制動力が働きます。これが渦電流制動です。

先生
今は磁石の間の円板を回転させて渦電流を発生させていましたよね
てことは　逆に磁石を円板の軌道で回転させても渦電流は発生するんですか？

美咲さんよく気が付いたね
たしかに磁石を回転させると渦電流が発生するよ
やっぱりそうなんだ

▶193◀
(5) 渦電流

円板はどう回転するの？
渦電流と磁界との間の電磁力が磁石の回転する方向に生じて磁石の回転につれて円板はその方向に回転することになる
このような円板をアラゴの円板と呼んでいる
アラゴの円板！
なんとなくカッコいいよね
アラゴの円板なんてさ
そういやアラゴの砦なんていう映画があったっけ
そうなの？
へ、え～
おいおいそれを言うなら・・・アラモの砦だろ
てへへ…
アラモの砦とは関係ないけどこのアラゴの円板は誘導電動機の原理にもなっているんだよ

アラモの砦…アメリカの西部劇です。

ふ～ん
渦電流は誘導電動機にも利用されているんですね…
親父
電流が流れると熱が発生するじゃん
渦電流による発熱作用を利用することってあるの？
あるよ
誘導電気炉の原理などはこの渦電流の発熱作用を利用しているといえるね
……
誘導電気炉

耐火性の容器の中に金属の塊を入れ、外部にコイルを巻いて交流電流を流します。
すると、電流によって磁束が生じ、その磁束が金属の塊を貫いて変化し、渦電流を生じて発熱します。
その結果、金属は高温になり、溶かすこともできます。
これが誘導電気炉の原理です。

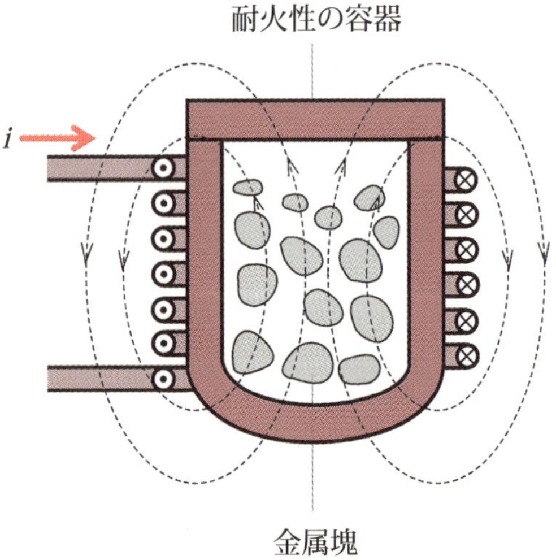
耐火性の容器
i
金属塊

美咲ちゃんに頭の悪いところ見せたくないもんね…
新堂より先んじるにはあいつより電磁気学に詳しくなんなきゃ…
美咲ちゃんにおれの実力見せてやる…

P チェックポイント

- ・金属板に磁束を加えこの磁束を変化させると、変化を妨げる向きに誘導起電力が発生し、渦状の電流が流れます。
- ・渦電流損を少なくすることが、効率化につながります。
- ・磁石を回転させると渦電流が発生します。

第六章　静電界の基本的な性質

(1)静電力に関するクーロンの法則

東東京大学
新堂源太郎講座教室
…これまでは電荷の移動によって生じる電流を中心に様々な現象について話してきたね
はい
今日は西大泉工業高校の漫画研究会の仲間も来てくれてるけど今までの復習はできているかな？

はい！バッチリです！
ほお～三人ともかなり勉強してきたないいことだ…

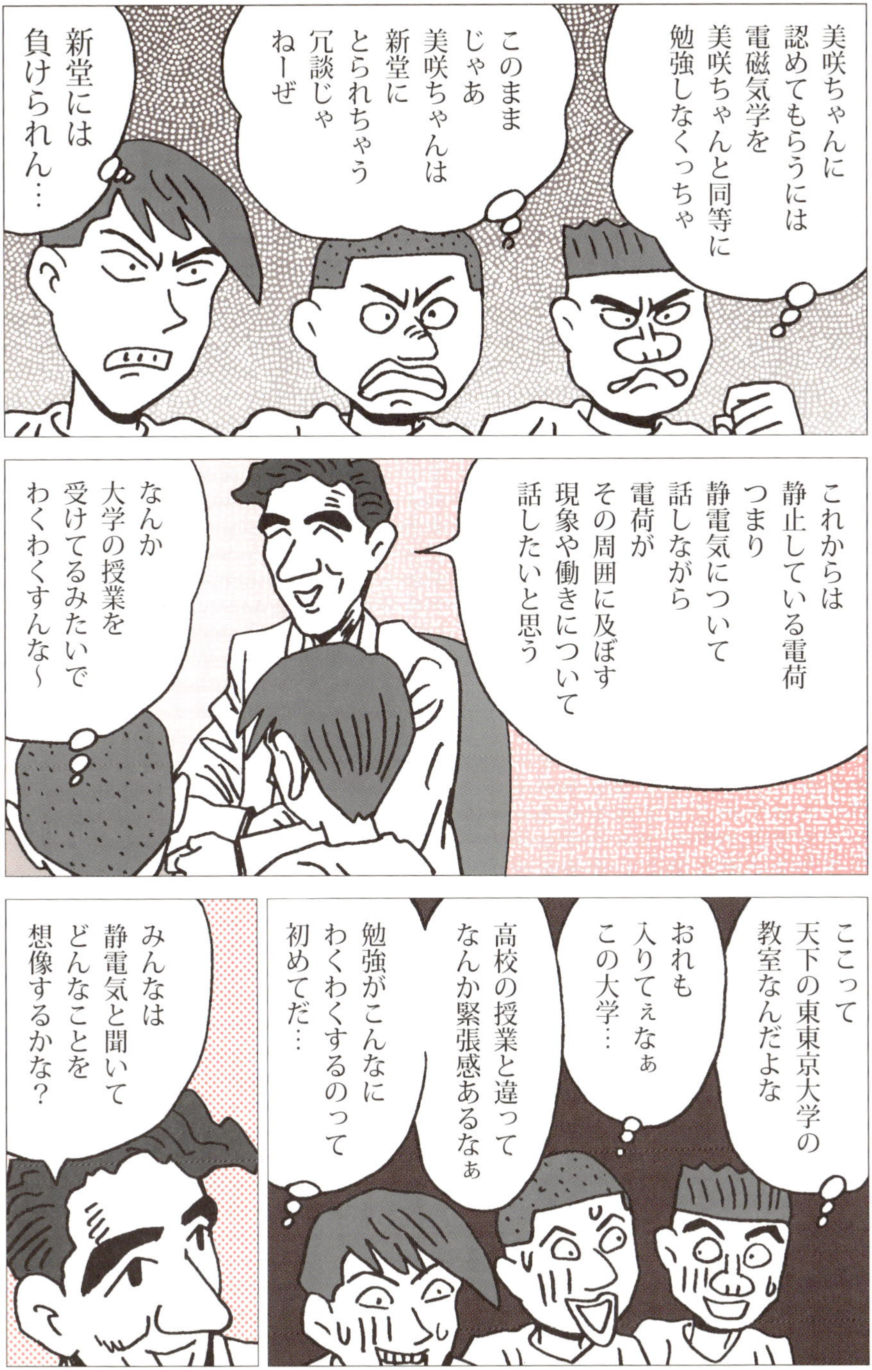
美咲ちゃんに認めてもらうには電磁気学を美咲ちゃんと同等に勉強しなくっちゃ
このままじゃあ美咲ちゃんは新堂にとられちゃう冗談じゃねーぜ
新堂には負けられん…
これからは静止している電荷つまり静電気について話しながら電荷がその周囲に及ぼす現象や働きについて話したいと思う
なんか大学の授業を受けてるみたいでわくわくすんな〜
ここって天下の東東京大学の教室なんだよな
おれも入りてぇなぁこの大学…
高校の授業と違ってなんか緊張感あるなぁ
勉強がこんなにわくわくするのって初めてだ…
みんなは静電気と聞いてどんなことを想像するかな?

はい！
はい！
はぁい！
わ！
すごい〜
じゃあ　順番に言ってもらいましょうか…
びっくりしたぁ〜
冬に化繊の衣類を脱ぐときにビリッときますよね
あれが静電気です！
下敷きを衣類で擦って髪の毛に近づけると髪の毛が逆立ちます
あれも静電気ですよね！
あれも冬でしたけど親父の代わりに車のキーをカギ穴に差し込んだときビリッときました
あれは静電気だと親父が言ってました！

199
（1）静電力に関するクーロンの法則

電荷には正電荷（＋）と
負電荷（－）があるよ
そして　これらの電荷は
摩擦したものの表面にあって
動くことがないので
静電気と呼ばれている

プラスチックの下敷きで髪の毛を擦って、少し離すと髪の毛が下敷きに吸い付いてきます。この現象は、摩擦することによって、物質中の電子が一方の物質から他方の物質へ移動し、物質が正と負の電気を帯びることによって、吸引力が生じるから起こるのです。

このように、正と負の電気を帯びることを帯電といいます。また、帯電した物体を帯電体といいます。

電荷相互間には
基本的な性質があって
たとえば
同じ種類の
電荷相互間には
反発力が働くよね
逆に
異なる種類の電荷間には
吸引力が働くよ

あのー
電荷相互間て
どういうこと
ですか？

二つの電荷の関係を
いっているのよ
だから
同じ種類の
といえば
正電荷と正電荷
負電荷と負電荷と
いうことです
なるほど

201
(1) 静電力に関するクーロンの法則

つまり 正電荷と正電荷は反発し正電荷と負電荷は引き合うってことね
それならわかる
おれもわかる
わかるよ
みんな結構勉強してきたねー
はい！
このように電荷相互間に作用する力を静電力というんだよ
はい！

がんばるぞー

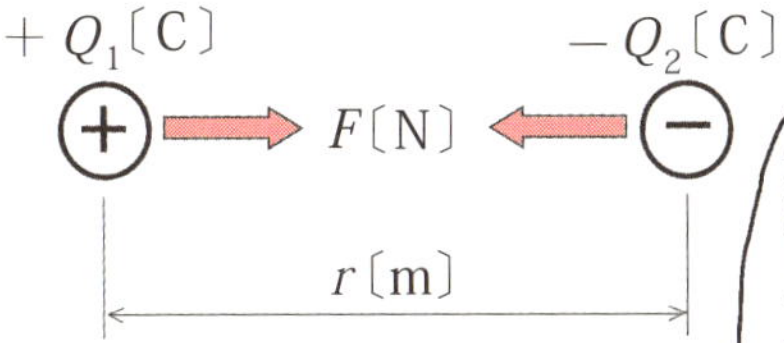

$+Q_1$〔C〕
$-Q_2$〔C〕
F〔N〕
r〔m〕

《吸引力（異種の電荷のとき）》

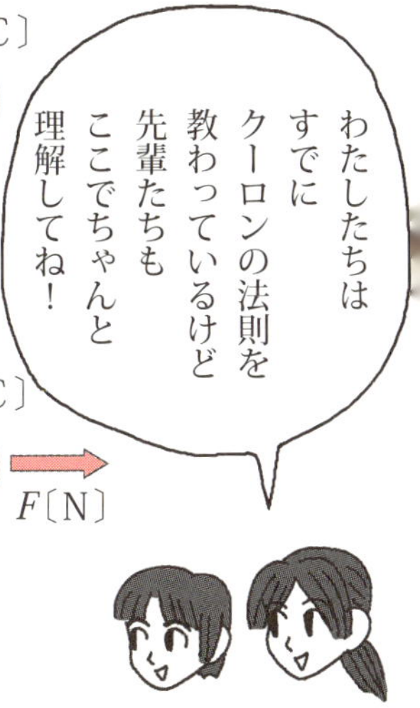

わたしたちはすでにクーロンの法則を教わっているけど先輩たちもここでちゃんと理解してね！

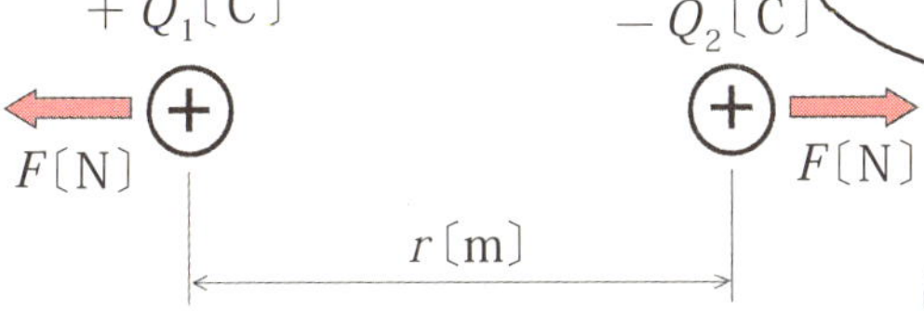

$+Q_1$〔C〕
$-Q_2$〔C〕
F〔N〕
F〔N〕
r〔m〕

《反発力（同種の電荷のとき）》

静電力の単位には、〔N〕（ニュートン）が用いられます。
静電力の大きさ F〔N〕は、次の式で表されます。

$$F = k\frac{Q_1 Q_2}{r^2}\text{〔N〕}$$

ちなみに、k は比例定数です。一般に、

$$k = \frac{1}{4\pi\varepsilon}$$

です。　ε は誘電率といわれ、二つの電荷の置かれた空間の媒質（誘電体）によって決まる定数です。
誘電率の単位には、〔F/m〕（ファラド毎メートル）が用いられます。

この二つの電荷 Q_1 Q_2〔C〕の静電力 F〔N〕については クーロンによって 実験的に 確認されていることが あるんだ
＋
－
つまり 帯電体が 点のように 小さい場合には こういうことが わかっているよ…

静電力の方向は 両電荷を結ぶ 直線上にあり その大きさは 両電荷の 電荷の量（電気量）の 積に比例し 両電荷間の 距離の2乗に 反比例する…

▶203◀
(1) 静電力に関するクーロンの法則

これを静電気に関するクーロンの法則というよ！
静電気に関する……

一般に、真空の誘電率は ε_0 で表され、その値は 8.85×10^{-12}〔F/m〕です。したがって、真空中の k の値は、次のようになります。

$$k=\frac{1}{4\pi\varepsilon_0}=\frac{1}{4\pi\times8.85\times10^{-12}}=9\times10^9$$

したがって、静電力は次のように表されます。

$$F=9\times10^9\times\frac{Q_1Q_2}{r^2}\text{〔N〕}$$

一般に、比誘電率 ε_r は、次の式で表されます。

$$\varepsilon_r=\frac{\varepsilon}{\varepsilon_0}$$

この式より、誘電率 ε は、次のようになります。

$$\varepsilon=\varepsilon_0\varepsilon_r\text{〔F/m〕}$$

したがって、静電力（クーロンの法則）は、
次のような式で表されます。

$$F=\frac{1}{4\pi\varepsilon_0\varepsilon_r}\frac{Q_1Q_2}{r^2}=9\times10^9\times\frac{Q_1Q_2}{\varepsilon_r r^2}\text{〔N〕}$$

ところでいろいろな誘電体の誘電率 ε と真空の誘電率 ε_0 との比 ε_r を比誘電率という

先生!
なんですか?
比誘電率ってだいたいどのくらいの数値ですか?
比誘電率は磁気回路の比透磁率に相当するものでだいたい真空中では1空気中もほぼ1に近いね
その他の絶縁物では1よりも常に大きな値を示しているね
ぼくが調べたところでは紙だと2.0～2.6エボナイトだと2.8のようです
スクッ
よく調べてきたね
ほぉ～
はい!
こいつらマジかよ～

205

（1）静電力に関するクーロンの法則

先輩 すご〜い！
サンキュー
おれたちも やるときゃ やるんだよ
先生！ 静電気の場合 絶縁物は 一般的な電気を 絶縁するという 意味とは 若干違うように 思うんですが…
なるほど 五十嵐君は どう考えるん だね？
絶縁物は 電気をほとんど 通しませんよね
でも 静電気では 電荷を誘って 蓄えているじゃ ないですか
うんうん
うんうん
その点が 違うと 思うんです！

うん いい着眼点だね
よく勉強しているじゃないか
はい！
大地君には負けられませんから！
なんのこっちゃ
美咲ちゃんは漫研のアイドルなんだ
がるるる
おまえだけの美咲ちゃんにはさせないぞ！
五十嵐君が説明した通りだ
このため絶縁物とは呼ばず誘電体と呼んでいるんだよ
ははは・・・
先輩たちすごいです！
わたしも頑張らなくっちゃ！
一緒に頑張ろうね美咲ちゃん！

はい！

P チェックポイント

・磁気に関するクーロンの法則では、「二つの点磁極の間に働く力は、それぞれの磁極の強さの積に比例し、磁極間の距離の２乗に反比例します。また、その力の向きは、磁極間を結ぶ直線上にあります」、でした。

・一方、静電気に関するクーロンの法則は、「静電力の方向は両電荷を結ぶ直線上にあり、その大きさは両電荷の電荷の量（電気量）の積に比例し、両電荷間の距離の２乗に反比例します」

（2）静電誘導
導体そのものは単に放っておくだけなら何の電気的性質も現さない
そうですね…

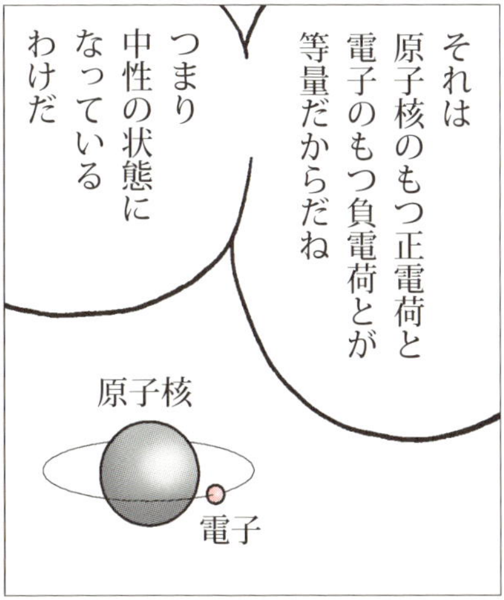
それは原子核のもつ正電荷と電子のもつ負電荷とが等量だからだね
つまり中性の状態になっているわけだ
原子核
電子

なるほど…

このように
絶縁された
中性の導体Aがあって
その導体Aに
正電荷をもった
帯電体Bを近づけるよ
A
B
絶縁物
どうなるかな？
…？
帯電体Bを近づけると電荷の間の静電力によって導体Aの中の自由電子…
つまり負電荷が帯電体Bの正電荷に引き寄せられて帯電体Bに近づくよね
それって導体Aの帯電体Bが近づいた側に負電荷が現れ帯電体Bから遠い端には正電荷が現れるようになるってことですよね
だよな！

うん いいだろう
このように導体に帯電体を近づけると帯電体に近い端には帯電体と異なる電荷が集まりまた 遠い端には同じ電荷が集まる現象を静電誘導というんだよ
静電誘導は、磁気の場合の磁気誘導と同じような現象です。
この現象って静電力によって生じるもんなんでしょ
てことはさぁ その原因となっている帯電体Bを取り除けば導体Aに現れていた正と負の電荷が互いに吸引しあって元の中性に戻るんじゃないかなぁ
そうですよね！
さすがは先輩ー!!
考え方としては悪くないね…

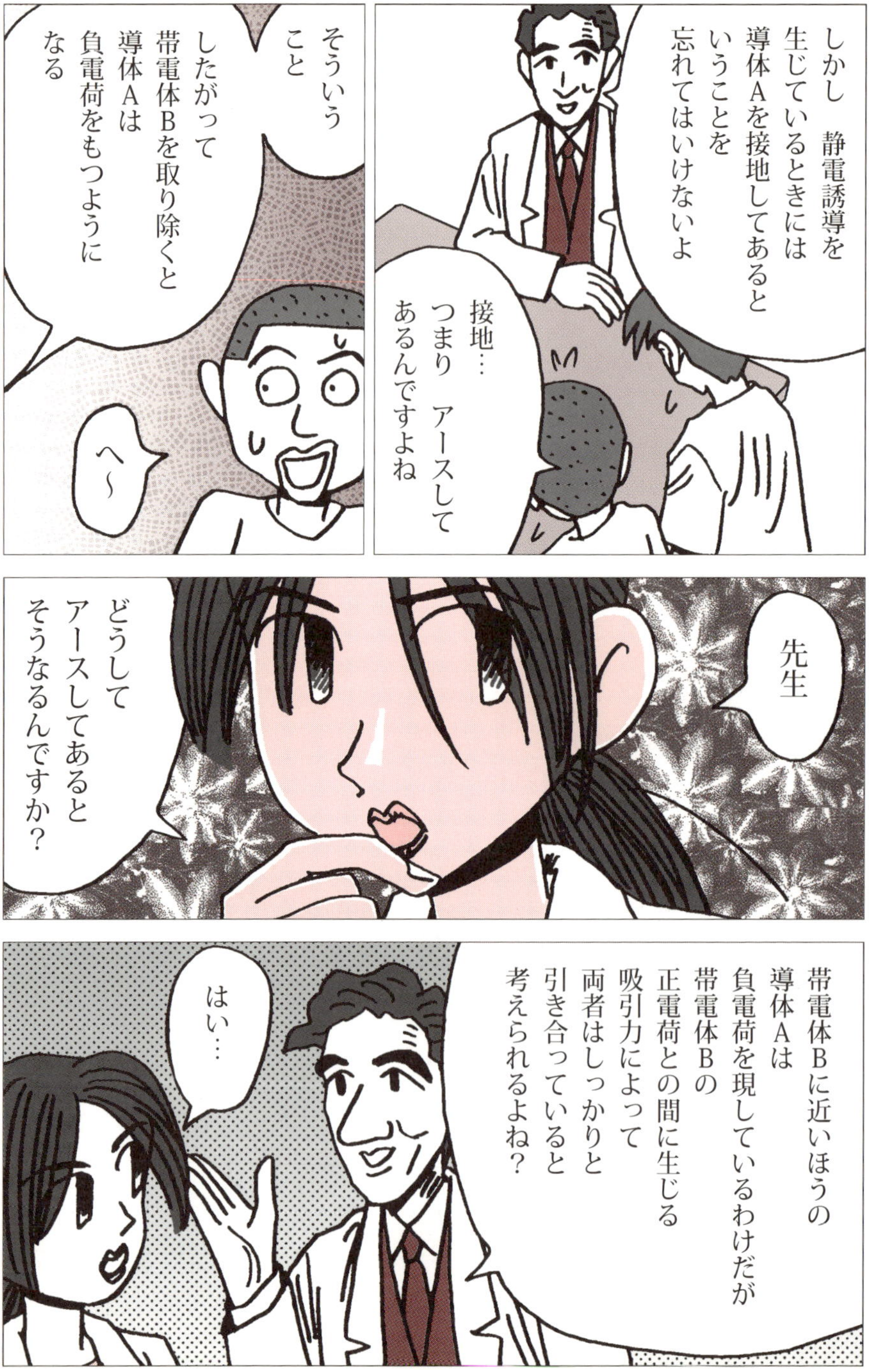
しかし　静電誘導を生じているときには導体Aを接地してあるということを忘れてはいけないよ
接地…つまり　アースしてあるんですよね
そういうこと
したがって帯電体Bを取り除くと導体Aは負電荷をもつようになる
へ～
先生
どうしてアースしてあるとそうなるんですか？
帯電体Bに近いほうの導体Aは負電荷を現しているわけだが帯電体Bの正電荷との間に生じる吸引力によって両者はしっかりと引き合っていると考えられるよね？
はい…

211
(2) 静電誘導

ということは帯電体Bと引き合っている導体Aの負電荷は自由に動けないことになる
ところが導体Aの遠いほうの正電荷は反発力を受けており接地すると大地に逃げていってしまうんだよ

なるほど
そのために導体Aには負電荷だけが残るというわけですね…

このように、静電誘導によって生じた電荷のうち、自由に動けない電荷（帯電体Bと引き合っている導体A側の負電荷）を拘束電荷といいます。また、自由に動くことのできる電荷（帯電体Bと引き合っていない導体Aの反対側の端の正電荷）を、自由電荷といいます。

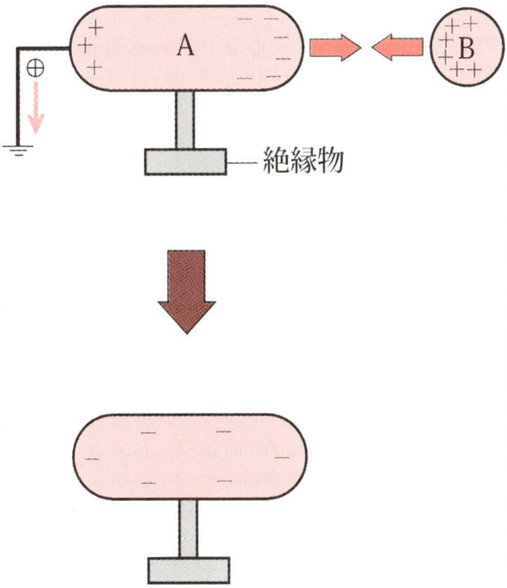
A
B
絶縁物

チェックポイント

・導体そのものは、単に放っておくだけでは何の電気的性質も現われません。

・導体に帯電体を近づけると、帯電体に近い端には帯電体と異なる電荷が集まり、遠い端には同じ電荷が集まります。

(3)電界と電界の強さ
…先ほどから話しているように帯電体の近くに他の電荷を置くとこれに静電力が働くわけだがこのように静電力が働く空間を電界と呼んでいるんだよ
電界についても、磁気の場合の磁界の考え方と同じです。
東東京大學
先生
静電力って帯電体の状態によって異なると思うんですが…
そうだね
静電力が常に同じ強さってことはないよな
実際この静電力は帯電体の状態や帯電体との距離また媒質の種類によって異なるよ
やはり…

▸213◂ (3) 電界と電界の強さ

この電界の状態を量的に表したものを電界の強さというんだよ
電界の強さは磁界の強さと同じようにベクトル量です
+Q〔C〕
+1〔C〕
F〔N〕
E〔V/m〕
r〔m〕
O
P
電界の強さは　電界中に元の電界を乱さないように単位正電荷をもってきたときにその力の働く方向によって電界の方向を示しているよ
また　単位正電荷に対する力の大きさを〔N/C〕（ニュートン毎クーロン）で表したものを電界の大きさと定めているんだ
電界の大きさの単位は、〔V/m〕（ボルト毎メートル）で表します。
単位正電荷ってなんですか？
+1〔C〕の電荷のことを単位正電荷というんだよ
つまり電界の強さというのは図のように電界中に+1〔C〕の電荷を置いたときに働く静電力の大きさと向きで表されるんだよ

比誘電率 ε_r の媒質中に、＋Q〔C〕と＋1〔C〕の二つの電荷を r〔m〕離して置いた場合、その間に働く静電力 F〔N〕の大きさは、次の式で表されます。

$$F=\frac{1}{4\pi\varepsilon_0\varepsilon_r}\frac{Q\times 1}{r^2}=9\times 10^9\times\frac{Q}{\varepsilon_r r^2}\text{〔N〕}$$

したがって、＋Q〔C〕の電荷による点Pの電界の強さ E〔V/m〕は、次の式で求められます。

$$E=\frac{1}{4\pi\varepsilon_0\varepsilon_r}\frac{Q}{r^2}=9\times 10^9\times\frac{Q}{\varepsilon_r r^2}\text{〔V/m〕}$$

この式において、ε_r＝1とおくと、真空中の電界の強さを求める式になります。
実用的には、空気中の場合もほぼ同じです。

この式から一つの電荷による電界の強さは電荷からの距離の２乗に反比例することがわかるね
なるほど…

215
(3) 電界と電界の強さ

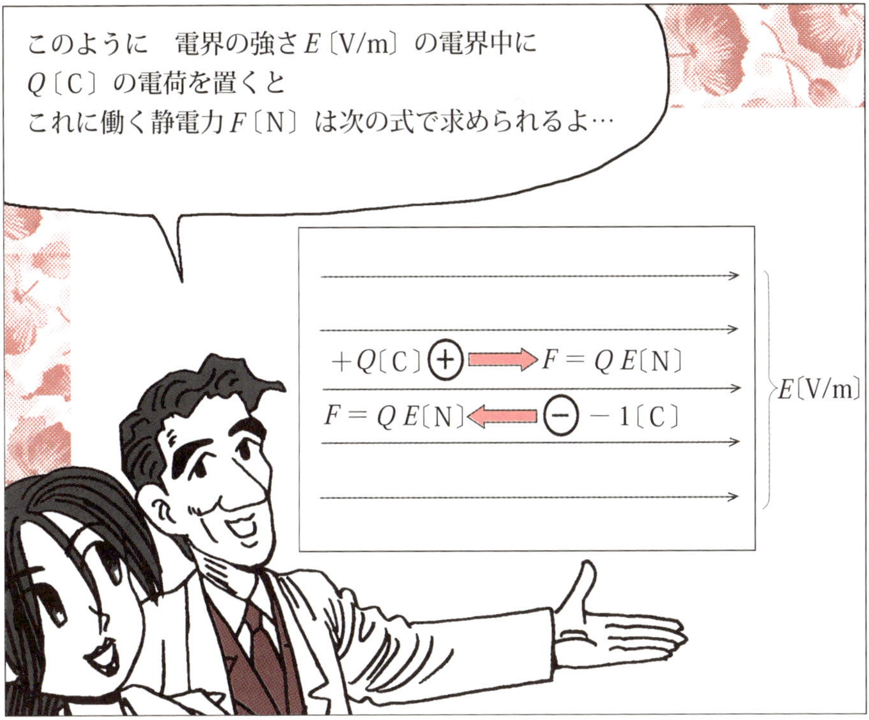

このように　電界の強さE〔V/m〕の電界中に
Q〔C〕の電荷を置くと
これに働く静電力F〔N〕は次の式で求められるよ…
$+Q$〔C〕
$F=QE$〔N〕
$F=QE$〔N〕
-1〔C〕
E〔V/m〕

静電力$F=QE$〔N〕

この静電力の向きは、置かれた点電荷が正電荷$+Q$〔C〕のときは電界の向きと同じです。ところが、負電荷$-Q$〔C〕のときは電界と逆向きとなります。

チェックポイント

- 静電力が働く空間を電界といいます。
- 電界の状態を量的に表したものが電界の強さです。
- 電界の強さは、電界中に$+1$〔C〕の電荷を置いたときに働く静電力の大きさと向きで表されます。
- 一つの電荷による電界の強さは、電荷からの距離の２乗に反比例します。

(4) 電気力線

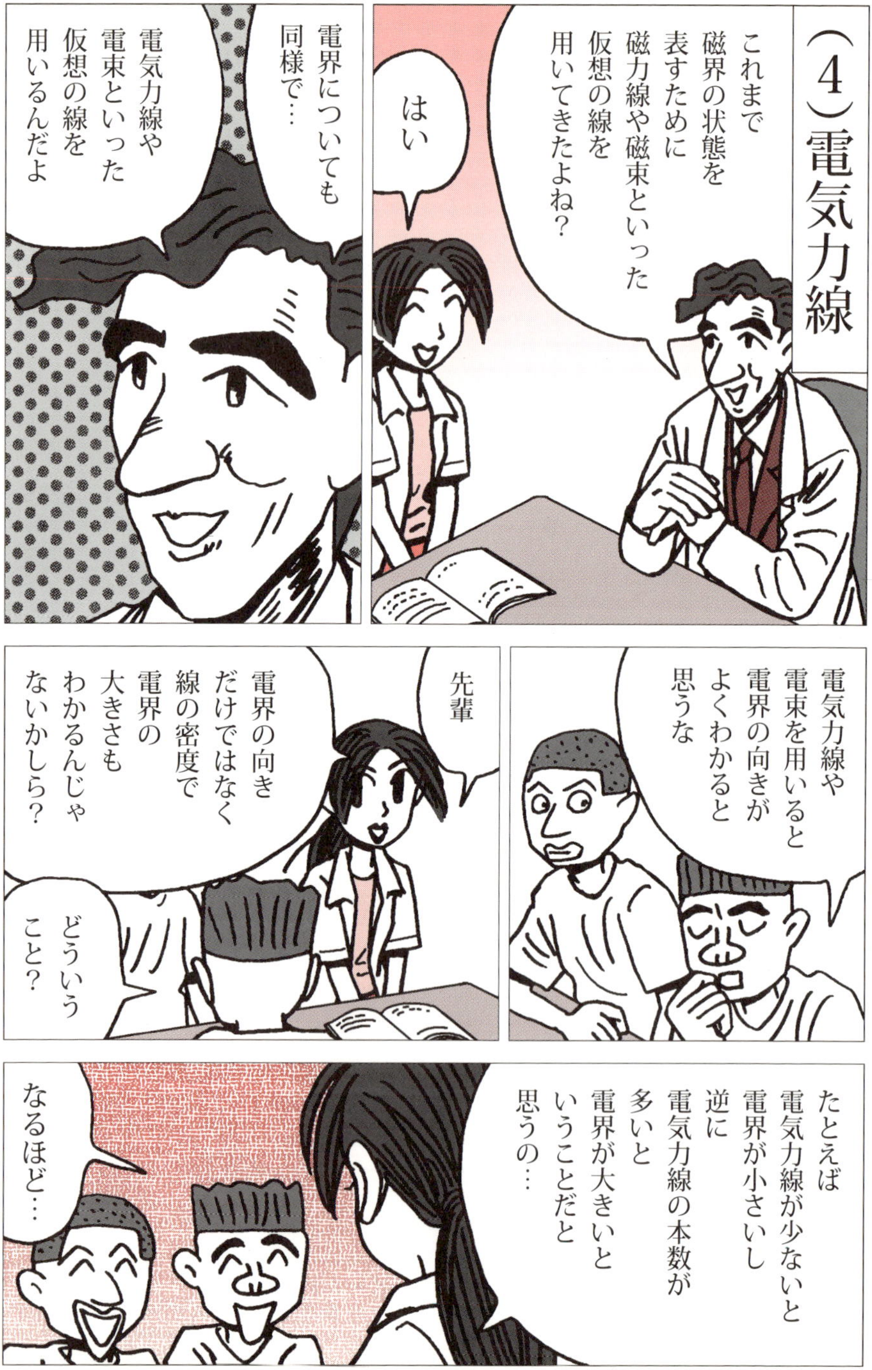
これまで磁界の状態を表すために磁力線や磁束といった仮想の線を用いてきたよね？
はい
電界についても同様で…
電気力線や電束といった仮想の線を用いるんだよ
電気力線や電束を用いると電界の向きがよくわかると思うな
先輩
電界の向きだけではなく線の密度で電界の大きさもわかるんじゃないかしら？
どういうこと？
たとえば電気力線が少ないと電界が小さいし逆に電気力線の本数が多いと電界が大きいということだと思うの…
なるほど…

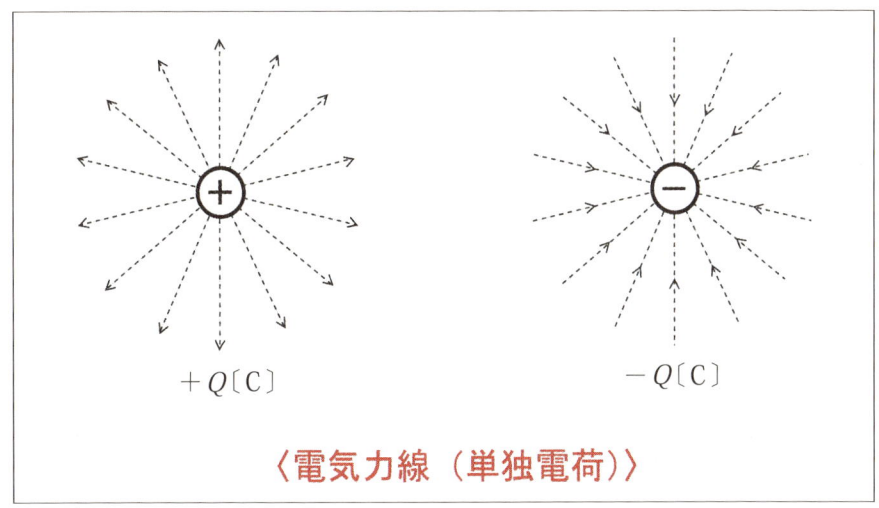

▸217◂
(4) 電気力線

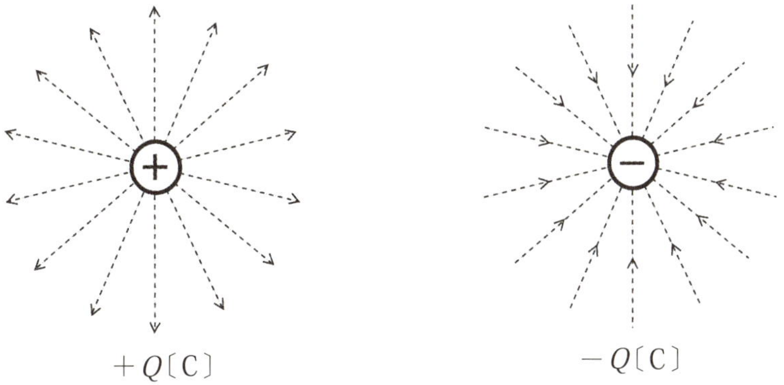

〈電気力線（単独電荷）〉

[電気力線の性質]

① 電気力線は、正電荷から出て負電荷に終わります。

② 電気力線の接線の方向は、その点の電界の方向を表します。

③ 電気力線の本数は、垂直な断面積 1 〔m^2〕当たりの電気力線密度が、電界の強さと等しくなります。

④ 電気力線は、ゴムひものように、常に縮もうとしており、相互に反発し合います。

⑤ 電気力線は、途中で分かれたり、他の電気力線と交わったりはしません。

$+Q$〔C〕の単独電荷からは、$\dfrac{Q}{\varepsilon_0\varepsilon_r}$ 本の電気力線が出ています。

そして、$-Q$〔C〕の単独電荷へは、$\dfrac{Q}{\varepsilon_0\varepsilon_r}$ 本の電気力線が入ります。

電界が弱い
電界が強い
電界が弱い
交わらない

チェックポイント

・電気力線は正電荷から出て負電荷に終わり、接線の方向はその点の電界の方向を表します。

・電気力線の本数は、垂直な断面積１〔m^2〕当たりの電気力線密度が、電界の強さと等しくなります。

・電気力線は、ゴムひものように常に縮もうとしており、相互に反発し合います。

・電気力線は、途中で分かれたり、他の電気力線と交わったりはしません。

(5) 電束と電束密度
物質の中にある$+Q$〔C〕の電荷からは $\frac{Q}{\varepsilon_0\varepsilon_r}$ 本の電気力線が出ていることはわかったね
はい！
ということは つまり電荷の周囲の媒質によって電気力線の本数が変わるということだよね？
なるほど
電気力線の本数は常に一定というわけではないんだ…
そこで電気力線 $\frac{1}{\varepsilon_0\varepsilon_r}$ を改めて1本と考えてみるよ

ということは
Q〔C〕の電荷からは
Q本の
仮想の電気力線が
出ていることに
なるよね？
はい
そうです…
美咲さん
この仮想の
電気力線とは？
電束の
ことです！

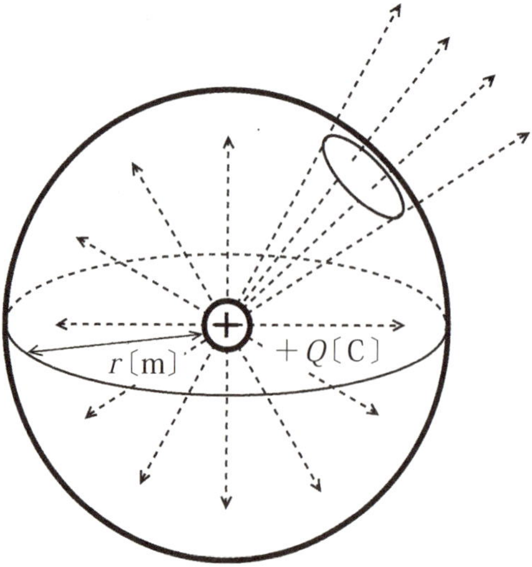
r〔m〕
+Q〔C〕

電束は、単位正電荷（$+Q$）から1本出て、単位負電荷（$-Q$）に入ります。

そのため、電荷の量と電束数は同じ数になるので、電束は電荷と同じように〔C〕の単位で表されます。

図から 比誘電率 ε_r の媒質中に $+Q$〔C〕の電荷が 半径 r〔m〕の球の中心に あることがわかるね
この場合の 球面上の電界の大きさ E〔V/m〕は 次の式で求めることが できるよ…

$$E = \frac{1}{4\pi\varepsilon_0\varepsilon_r}\frac{Q}{r^2}\,〔\mathrm{V/m}〕$$

ところで $+Q$〔C〕の電荷からは Q〔C〕の電束が 出ていることは わかるね?
電束と 電荷の単位は 同じです からね…

あ そーか…

表面積 A〔m^2〕
そこで　球の表面積を A〔m^2〕とすると 単位面積当たりの電束 つまり電束密度 Dは 次の式で表されるよ…

$$D = \frac{Q}{A} = \frac{Q}{4\pi r^2} \text{〔C/m}^2\text{〕}$$

したがって、この二つの式より、電界の大きさE〔V/m〕と電束密度D〔C/m^2〕の間には、次のような関係式が成り立ちます。

$$D = \varepsilon_0 \varepsilon_r E = 8.85 \times 10^{-12} \varepsilon_r E \text{〔C/m}^2\text{〕}$$

ふ〜ん
なるほど…

ふむ
ふむ

P チェックポイント

・電荷の量と電束数は同じ数なので、電束は電荷と同じように〔C〕の単位で表されます。

日本の将来…
案外明るいかも…

（6）ガウスの定理
さあ次を電磁気学の最後の講義にするよ！
みんな気合いを入れて頑張ろう！
はい！
ＯＫ！
はい！

最後はガウスの定理について覚えましょう！
ガウスの定理！
さきほどQ〔C〕の電荷からはQ〔C〕の電束が出ていると話したよね
電荷と電束は同じ単位でしたね
このような閉じた面Sの中に多数の正電荷や負電荷 $+Q_1$　$-Q_2$　$+Q_3$　$-Q_4$　… があるとするよ
閉じた面S
$+Q_1$
$-Q_2$
$+Q_3$
$-Q_4$
この場合これらの電荷の量の代数和はどうなるかな？
たぶんこうなるんじゃねーの…
スラスラ〜…

電荷の代数和$Q=Q_1+(-Q_2)+Q_3+(-Q_4)+\cdots$
うん いいだろう
つまり閉じた面Sから出る全電束数をψとすればψはQに等しいことになる！わかるかな？
はい わかります！
わかります！
ということは
こういうことだよね…

$$\psi = Q$$

ただし、

$$Q = \sum_{k=1}^{n} Q_k$$

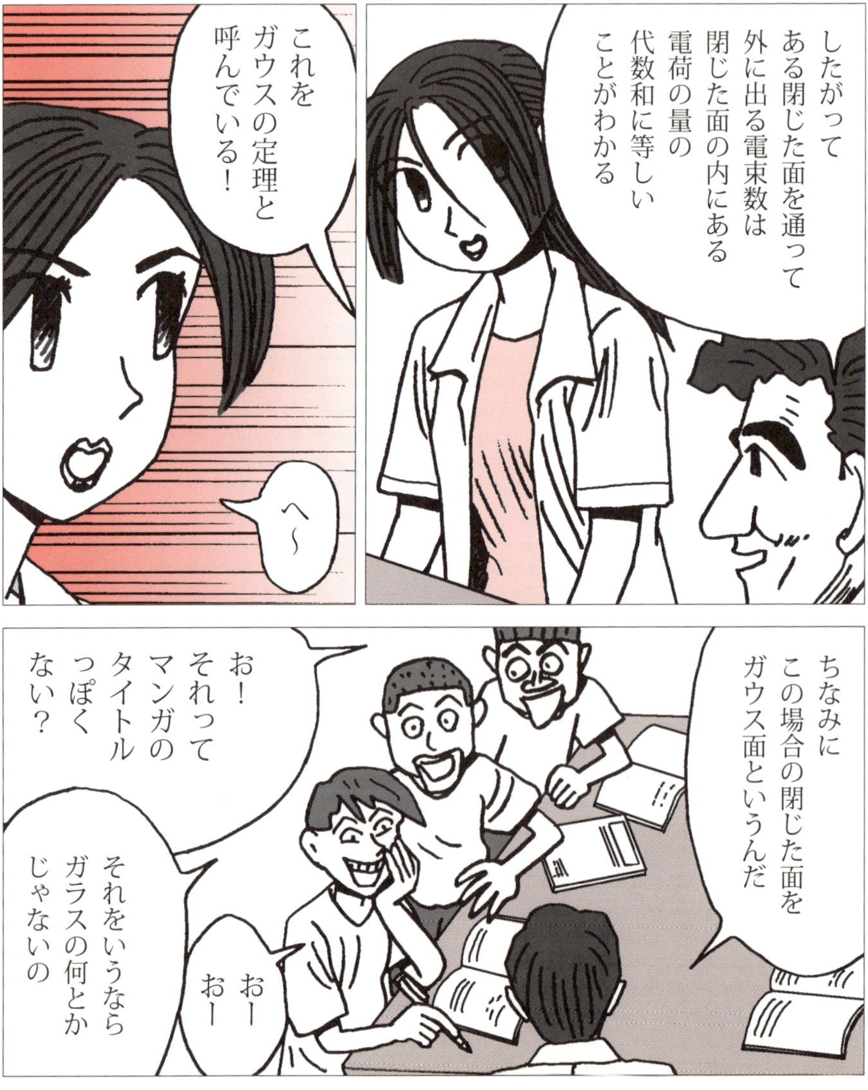
したがって ある閉じた面を通って 外に出る電束数は 閉じた面の内にある 電荷の量の 代数和に等しい ことがわかる
これを ガウスの定理と 呼んでいる！
へ〜
ちなみに この場合の閉じた面を ガウス面というんだ
お！ それって マンガの タイトル っぽく ない？
おー おー
それをいうなら ガラスの何とか じゃないの

ガウスの定理を微分積分の形式で表すと次のようになります。

$$\int_S D \bullet \mathrm{d}S = \int_S D_n \mathrm{d}S = \sum_{k=1}^{n} Q_k$$

ガウス面 S 上の微小面積 dS と法線方向の電束密度 D_n に dS を掛けて、
ガウス面 S 上で積分します。
すると、その値が、ガウス面 S の内にある全電荷の量と等しくなります。
つまり、全電束数と等しくなります。

Ⓟ チェックポイント

・ある閉じた面を通って外に出る電束数は、閉じた面の内にある電荷の量の代数和に等しくなります。

ガウスの定理についてもっと詳しく話してもいいのだがそれは君たちが電磁気学をもっと勉強しようと思ったときに話すことにしよう
今回は　あくまで電磁気学の基本ということで理解してもらいましょうか
君たち三人は途中から参加したわけだがよく内容についてきてくれたね
予習が大変だったんじゃないかね？
えへへ　じつは　ぼくたち三人…
美咲ちゃんから先生に教わった内容を教えてもらってたんですぅ
ほおー
てへへ
美咲ちゃんありがとう！
おまえら電磁気学は口実で目的は別じゃねーの？

わははは
な 何を
言うんだい
新堂君たらぁ
ま
参ったなぁ～
ところでさ～
おまえ
電磁気勉強して
お父さんに
扇風機作って
あげるとかって
言ってたよな
できそう
か？
参ったぞぉ～
新堂先輩のお父さんに
電磁気学の講義を
受けたけど
作ることまでは
ぜんぜん
教わってないし～
だいいち
勉強に熱中している間に
そんなこと
すっかり忘れてたよぉ～

そういや美咲ちゃんが電磁気学勉強しようと思ったのって今　新堂が言ったことだったよな
美咲ちゃん扇風機作れるの？
えへへ
な　なんとかやってみる…
オオヤマ電機
オオヤマ電機

ただいまー
おーお帰りー
あら遅かったわね美咲ー

お父さん ごめんなさい
まだまだ勉強不足で扇風機作れなかったの
だから買ってきちゃった えへへ…
ありがとう美咲～ それすごくほしかったんだ～
よかった 喜んでる～
ほんとはエアコンがあるから扇風機はいらないんだけどなぁ…
おしまい

電気用図記号

①

名　　称	図記号	名　　称	図記号
抵抗器 （一般図記号）	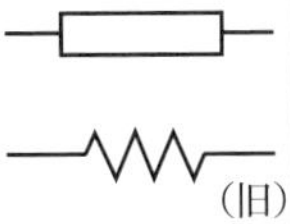 （旧）	コンデンサ	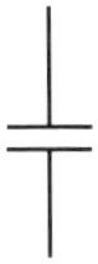
可変抵抗器	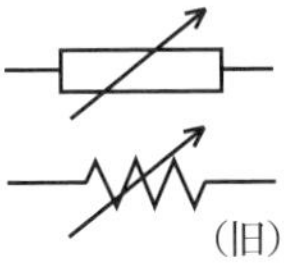 （旧）	可変コンデンサ	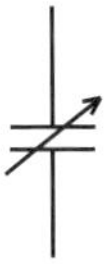
インダクタコイル 巻線 チョーク （リアクトル）	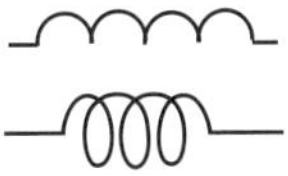 （旧）	磁心入インダクタ	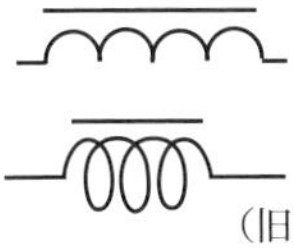 （旧）
半導体ダイオード	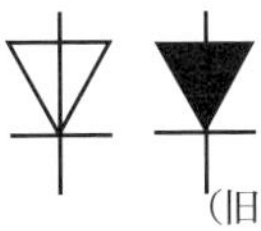 （旧）	PNP トランジスタ	
発光ダイオード	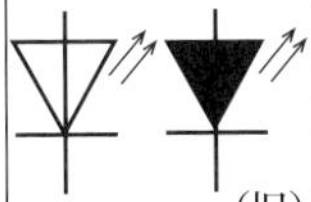 （旧）	NPN トランジスタ	
一方向性降伏 ダイオード 定電圧ダイオード ツェナーダイオード	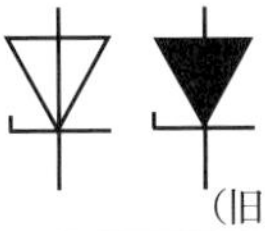 （旧）	直流直巻電動機	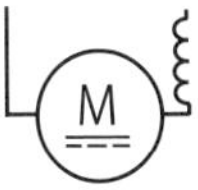
直流分巻電動機		直流複巻発電機	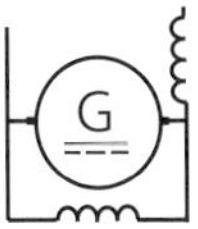
三相かご形誘導電動機	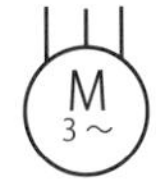	三相巻線形 誘導電動機	

電気用図記号

②

名　　称	図記号	名　　称	図記号
二巻線変圧器	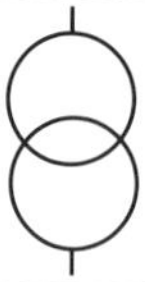	三巻線変圧器 様式1	
発電機（同軸機以外）	G	太陽光発電装置	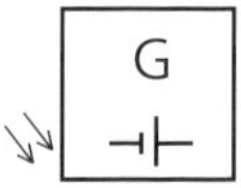G
スイッチ メーク接点	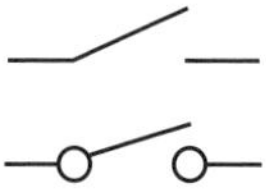 (旧)	ブレーク接点	
切換スイッチ	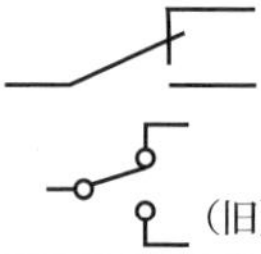 (旧)	ヒューズ	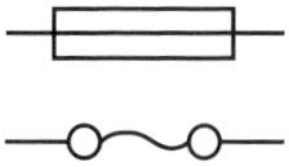 (旧)
電流計	A	電圧計	V
周波数計	Hz	オシロスコープ	
検流計		記録電力計	W
オシログラフ		電力量計	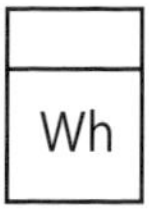Wh

電気用図記号

③

名　　称	図記号	名　　称	図記号
ランプ		ベル	
ブザー		スピーカ	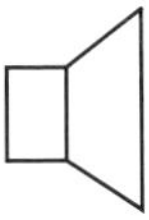
アンテナ		光ファイバまたは光ファイバケーブル	
オペアンプ	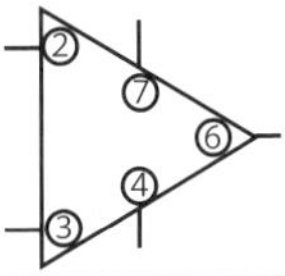	ルームエアコン	
換気扇		蛍光灯	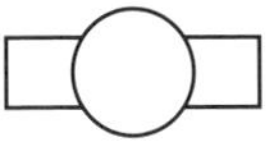
白熱電球		リレー	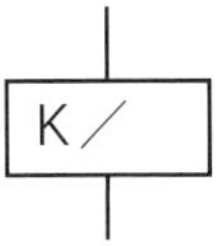
ヒータ	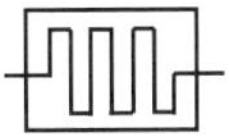	三巻線変圧器 様式2	
ルームエアコン		分電盤	

電気用図記号

④

名　　称	図記号	名　　称	図記号
配電盤		ジャック	J
コネクタ	C	増幅器	AMP
中央処理装置	CPU	テレビ用アンテナ	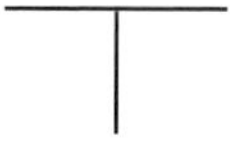
パラボラアンテナ	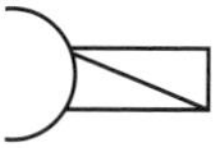	警報ベル	B
受信機	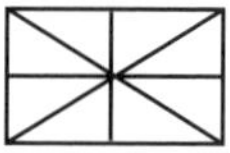	表示灯	
モニタ	TVM	警報制御盤	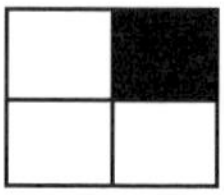
電柱		起動ボタン	E
煙感知器	S	熱感知器	

高橋達央プロフィール

1952 年秋田県生まれ．マンガ家．
秋田大学鉱山学部（現工学資源学部）電気工学科卒．
主な著書は，「マンガ　ゆかいな数学（全 2 巻）」（東京図書），「マンガ　秋山仁の数学トレーニング（全 2 巻）」（東京図書），「マンガ　統計手法入門」（CMC 出版），「マンガ　マンション購入の基礎」（民事法研究会），「マンガ　マンション生活の基礎（管理編）」（民事法研究会），「まんが　千葉県の歴史（全 5 巻）」（日本標準），「まんがでわかる　ハードディスク増設と交換」（ディー・アート），「［脳力］の法則」（KK ロングセラーズ），「欠陥住宅を見分ける法」（三一書房），「悪徳不動産業者撃退マニュアル」（泰光堂），「脳リフレッシュ 100 のコツ」（リフレ出版），「マンガ de 電気回路」（電気書院）他多数．著書 100 冊以上を数える．
趣味は卓球

マンガ de 電磁気学

2009年4月30日　第1版第1刷発行

著　者　高橋　達央
発行者　田中　久米四郎

発 行 所
株式会社　電 気 書 院
www.denkishoin.co.jp
振替口座　00190-5-18837
〒 101-0051
東京都千代田区神田神保町 1-3　ミヤタビル 2F
電 話　(03)5259-9160
FAX　(03)5259-9162

ISBN 978-4-485-60011-5　C3354　　㈱シナノ パブリッシング プレス
Printed in Japan